LE CALLAO

RAPPORT

de M. Maurice BERNARD

Ingénieur au Corps des Mines

PARIS 1900

PARIS

ASSOCIATION D'IMPRIMEURS

5, Rue Clauzel. 5

1902

LE CALLAO

 RAPPORT

de M. Maurice BERNARD

Ingénieur au Corps des Mines

PARIS 1900

PARIS
ASSOCIATION D'IMPRIMEURS
5, Rue Clauzel. 5

1902

Note préliminaire. — *Nous ne publions pas le rapport in-extenso de M. Bernard ; celui-ci a fait des gisements du Yuruary, non seulement une étude technique et pratique, mais encore une étude géologique et scientifique dont les conclusions sont rapportées dans le travail ci-dessous, mais dont les développements ont été en grande partie supprimés, parce qu'ils n'intéressent pas immédiatement la question considérée au point de vue technique ou financier. — Néanmoins, et pour plus de clarté, le cadre des chapitres a été conservé.*

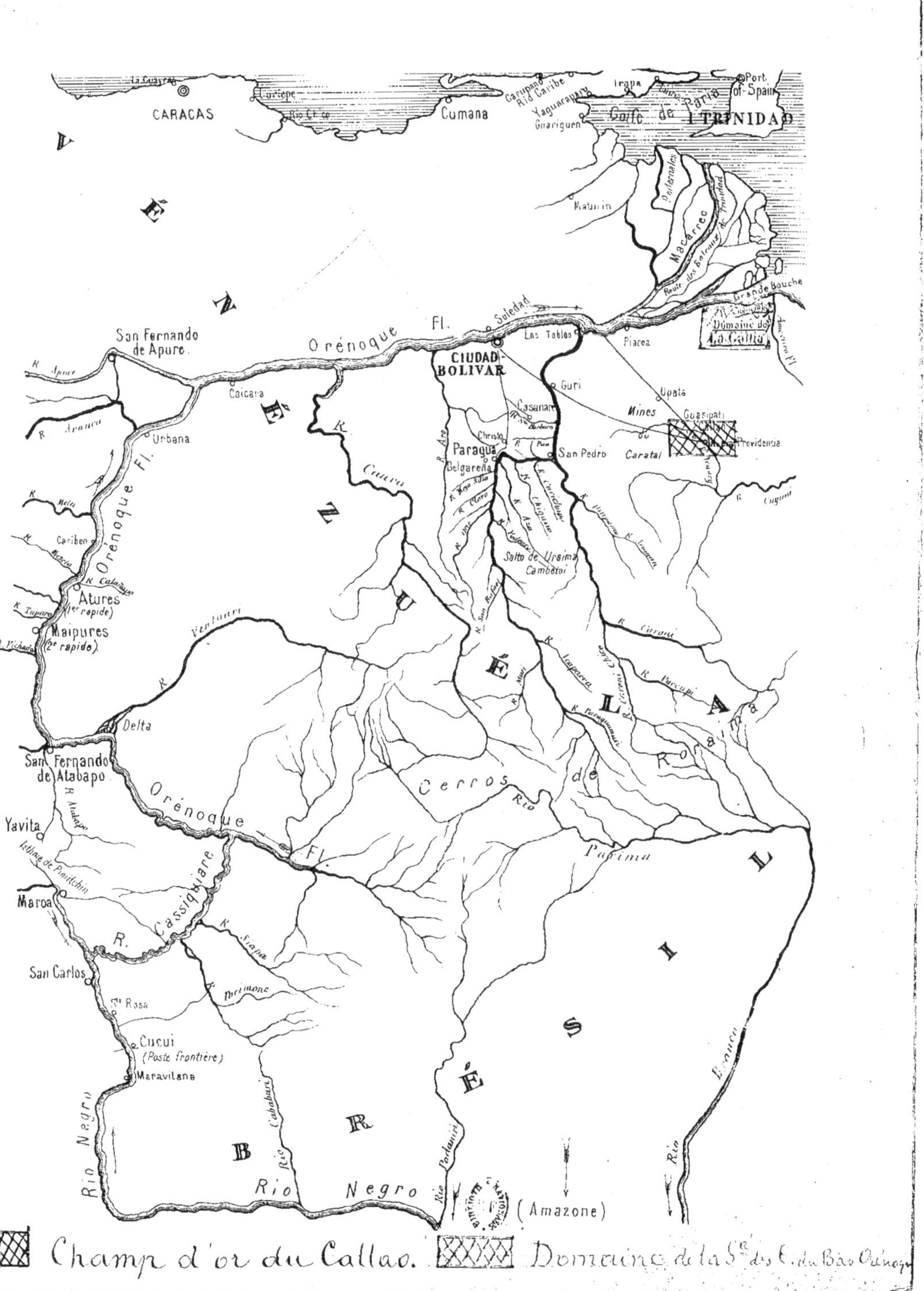

CARACAS
La Guayra
Curiepe
Rio Et a
Cumana
Carupano
Rio Caribe
Yaguaraparu
Guariguen
Irapa
Golfe de Paria
Port of-Spain
TRINIDAD
Maturin
Macareo
Reste des bateaux de Trinidad
Grande Bouche
Soledad
Fl.
Orénoque
Las Tablas
Piacoa
Domaine de La Gallia
San Fernando de Apure
Orénoque Fl.
CIUDAD-BOLIVAR
Guri
Upata
Mines de Caratal
Guasipati
Providencia
R. Apure
Caicara
Casanare
R. Arauca
Urbana
Christo
Paragua
Belgareña
San Pedro
R. Neu
R. Caura
R. Aro
R. Claro
Orénoque Fl.
Cariben
R. Calanisa
R. Tuparo
Atures (1er rapide)
Maipures (2e rapide)
Vichado
Venturari
Salto de Ursima Camberei
Delta
San Fernando de Atabapo
Cerros de
Rio
Orénoque
Pacima
Fl.
Yavita
Isthme de Pimitchin
R. Atabapo
Cassiquiare
R.
Maroa
R. Siapa
San Carlos
St Rosa
R. Primone
R. Cababuri
Cucui (Poste frontière)
Maravitane
Rio Negro
B R É S I L
R. Padauiri
Rio Negro
(Amazone)
Rio Branco
Rio
GUYANE

Champ d'or du Callao.
Domaine de la S.té des C. du Bas Orénoque

RAPPORT

de M. Maurice BERNARD

INGÉNIEUR AU CORPS DES MINES

PRÉAMBULE

Le 10 Novembre 1897, la mine du Callao fut mise en faillite par le Tribunal de Ciudad-Bolivar (Vénézuéla), après avoir travaillé pendant 25 années, vendu 140 millions d'or, produit peut-être 250 millions (le surplus ayant été volé) et distribué 48 millions de dividende à un capital qui n'avait jamais dépassé 320.000 francs.

Comme le prix de revient avait toujours été aussi remarquable par son élévation que le quartz par sa teneur, plusieurs personnes pensèrent que, depuis la diminution de celle-ci, la Compagnie n'avait pas su ou plutôt n'avait pas pu, liée par ses errements anciens, ramener assez rapidement à une valeur moyenne le prix de revient, et que cet échec ne préjudiciait pas de l'épuisement d'une propriété minière très étendue, sur laquelle on venait d'ouvrir un nouveau champ d'exploitation à allure très engageante (la mine Remington) et qui possédait, par ailleurs, un matériel de mine, de broyage et de transport absolument remarquable, en parfait état et, pour dire le mot, tout à fait surabondant.

Il se forma donc un groupement, constitué pour une partie importante, par plusieurs représentants les plus autorisés du commerce de Bolivar, en vue d'acquérir, de conserver et d'entretenir l'actif du Callao jusqu'à ce qu'un groupe Européen, après avoir expertisé la propriété, en fasse l'acquisition si il la jugeait exploitable.

Le chef du Syndicat, M. Tomasi, Consul de France à Ciudad-Bolivar, fit valoir les raisons qui pouvaient militer, à priori, en faveur de la reprise de l'affaire, à savoir : l'existence, à pied d'œuvre, d'un matériel prêt à fonctionner, ayant coûté plusieurs millions et qu'on acquerrait pour un prix quatre ou cinq fois moindre dont, au surplus, moitié serait payable en papier ; l'existence de la propriété minière la plus étendue du district du Yuruary, ayant contenu une mine d'une richesse fabuleuse et en possédant d'autres, faciles à reprendre et d'une bonne teneur moyenne, sans préjudice des parties exceptionnellement riches que des recherches sérieuses pourraient faire découvrir ; la confiance entière montrée par le Syndicat d'achat qui, non-seulement ne demandait aucun paiement en numéraire pour la propriété acquise par lui, mais encore consentait à n'être remboursé que d'une partie des avances faites pour cette acquisition.

J'ai été chargé de vérifier le bien fondé de ces assertions en ce qui concerne l'existence (d'ailleurs judiciairement prouvée) et l'état du matériel — d'examiner la mine ou plutôt les mines ouvertes, de me former et d'exposer mon opinion sur l'opportunité d'une reprise de travaux miniers sur la propriété en question, et, le cas échéant, d'évaluer, avec toute l'approximation possible, le programme à appliquer. J'ai été absent un peu plus de deux mois qui m'ont permis de consacrer vingt jours à la visite du très petit district du Yuruary ; excellement guidé par un Ingénieur qui connaît à fond le district aidé de la manière la plus large par le Syndicat d'achat, entouré des renseignements et des plans les plus complets, j'ai pu, dans cet espace de temps, remplir ma mission aussi complètement que je crois possible de le faire et c'est le résultat de mes investigations que je consigne dans ce rapport.

Il est divisé en quatre parties :

Dans la première, je m'occupe du district du Yuruary dont la petitesse et l'homogénéité sont telles que toute étude le concernant intéresse une quelconque des mines qu'il renferme ;

Dans la deuxième, j'étudie plus spécialement l'objet de ma mission, c'est-à-dire la propriété du Callao, ses mines et son matériel ;

Dans la troisième, je traite des conditions multiples d'exploitabilité au district du Yuruary, de manière à dégager le prix moyen de revient, et la teneur moyenne du bassin.

Dans la quatrième partie, je fais application spéciale de ces chiffres à la propriété du Callao, pour démontrer qu'elle est exploitable, pour chercher dans quelles conditions elle l'est, et quels bénéfices minimum, cette exploitation promet.

Un chapitre résume les avantages spéciaux à cette affaire et comme, parmi eux, il ne faut pas négliger la très grande probabilité de rencontrer des parties à richesse exceptionnelle, je fais le très court historique de la plus célèbre de ces découvertes, celle du Vieux Callao, en montrant pour quelles raisons, en partie étrangères au gîte, celui-ci a terminé une carrière qui devrait durer encore.

PREMIÈRE PARTIE

Le District du Yuruary

CHAPITRE PREMIER

GÉNÉRALITÉS

Raisons qui le font étudier dans son ensemble.

Le bassin aurifère de Yuruary est petit, quoique riche; on peut dire, sans tenir compte de sa liaison seulement soupçonnée avec le bassin plus occidental du « Choco », qu'il a grossièrement la forme d'un rectangle de quatorze kilomètres (N. S.) et dix kilomètres (E. O.) de côtés.

Cette étendue est parsemée de quartz aurifères dont les conditions de gisement varient aussi peu que possible puisque j'ai retrouvé dans la mine la plus au Sud (Victoria) les caractères les plus saillants des mines les plus au Nord (Remington et V. Callao) ; quant à la richesse et aux circonstances de sa répartition, elles restent aussi sensiblement constantes, abstraction faite, bien entendu, des enrichissements subits et la plupart du temps limités qui se révèlent de-ci, de-là, dans le bassin, sans préférence marquée pour une région déterminée.

On comprend que toute étude poursuivie sur la surface entière du bassin ne peut qu'être grandement profitable quand il s'agira de préciser, de généraliser ou d'étendre les conclusions tirées de l'examen d'une mine déterminée. C'est donc par là que je commence la partie.

Situation. -- Le district de Yuruary, qui fit jusqu'en 1885 partie d'un Etat confédéré spécial, est englobé maintenant dans la province de la Guyane Vénézuélienne, capitale Ciudad-Bolivar ; le chef-lieu administratif du territoire est la petite ville de Guasipati, située un peu en dehors et au Nord du bassin aurifère ; le centre véritable est la ville plus importante du Callao (6000 habitants environ).

On peut aller directement de Bolivar au Callao par la route dite « route de terre » ; le chemin est assez bon, mais la distance est d'environ 300 kilomètres et il faut traverser, à Guri, un très large affluent de l'Orénoque, le Caroni ; ce chemin est peu suivi.

La véritable route part d'un très gros village situé sur l'Orénoque, à 200 kilomètres environ en aval de Bolivar, nommé Las Tablas ou San-Félix. De San-Félix au Callao on compte environ 210 kilomètres, demandant trois jours de marche à cheval ; cette route rejoint la route de terre à la petite ville d'Upata ; elle est très fréquentée, et offre des abris dans tout son parcours ; cette route est, à la rigueur, accessible à de légères voitures ; elle est, en tous cas, parcourue sans relâche par des charrettes à mulets et à bœufs dont 6 paires peuvent traîner environ 1 tonne 800.

Toujours bonne dans la savane, qui domine, assez médiocre dans la montagne ou la forêt (les deux sont réunies), la route devient, malgré quelques ponts, franchement mauvaise pendant un mois ou deux de l'année, vers Août, à la fin de la saison des pluies. Elle a toujours suffi, néanmoins, et peut suffire encore longtemps, comme je le montrerai, eu égard à la baisse des frêts.

Le meilleur point de départ, en Europe, est Southampton ; les steamers de la « Royal Mail » ont deux départs par mois et conduisent en onze jours à Barbado, en treize à la Trinidad, en seize à Ciudad-Bolivar (par correspondance avec la ligne de l'Orénoque) ; au retour j'ai mis 15 jours et demi de Bolivar à Paris.

Les exigences actuelles de la Douane obligent les voyageurs à destination du Callao à remonter jusqu'à Bolivar pour redescendre ensuite à San-Félix ; on obtiendrait assez facilement, en temps non troublé, l'exonération de cette obligation qui n'existe pas au retour ; on peut donc dire que le district du Yuruary est à dix-huit jours d'Europe.

Aspect. — Le bassin du Yuruary, limité au Nord et à l'Est par la rivière de ce nom, sous-affluent du Cuyuni, appartient, de ce fait, au bassin de l'Essequibo, le fleuve côtier le plus important de la Guyane anglaise. Il n'est arrosé que par quelques affluents sans importance du Yuruary, (la Nocupia, la Iguana) et par des « Quebradas » à sec une partie de l'année.

C'est une région montueuse, mais sans excès et couverte d'une forêt dont les limites coïncident avec celles du bassin aurifère ; cette forêt, ouverte par de nombreux chemins, est ou a été mise en coupe assez peu réglée pour l'exploitation du bois de mine et surtout de chauffage ; elle constitue une ressource inestimable et loin d'être épuisée.

La savane entoure le district.

Climat. — Malgré sa basse latitude (7° environ), le Callao est une ville très habitable ; la température moyenne n'est que de 24· avec maximum de 33· (Septembre) et minimum 18· (Décembre) tandis qu'à Ciudad-Bolivar la température moyenne atteint le chiffre énorme de 31· ; une brise presque constante aide encore à rendre cette température supportable.

La saison sèche va d'Octobre à Mars, la saison des pluies d'Avril à Septembre, mais ces pluies, quoique très abondantes, ne sont pas continues comme il arrive dans les forêts de la Guyane équatoriale.

L'état sanitaire est bon ; la fièvre paludéenne est à peu près inconnue.

Population. — Les commerçants, nombreux, sont étrangers pour la plupart, et français en majorité (colonie corse du cap Corse, très sérieuse, très unie et ayant acquis une situation prépondérante dans le pays) ; ils habitent les deux villes voisines du Callao et de Caratal (ou Nueva-Providencia).

Les propriétaires, éleveurs, transporteurs, sont vénézuéliens, de race pure ou plus souvent métisée de sang indien ; leur rôle économique se borne à faire du charoi, extérieur ou souterrain.

Les travailleurs d'or sont exclusivement recrutés parmi les nègres des Antilles (Dominique, Sainte-Lucie, Martinique, Saint-Vincent) ; ils ont eu énormément d'exigences au début, mais l'arrêt successif de la plus grande partie des mines les a conduits au point voulu pour obtenir une main-d'œuvre suffisamment économique ; comme, à tout prendre, tous ces noirs ont su trouver dans le travail de l'alluvion des ressources suffisantes pour attendre des temps meilleurs et que, pendant cette attente, ils ont créé une foule de plantations (conucres) fort bien cultivées, on peut dire que, maintenant, le le district du Yuruary possède une main-d'œuvre suffisament habile, stable et économique.

CHAPITRE II

MODES DE GISEMENT DE L'OR — L'OR SUPERFICIEL

Or de Flor. — La couche tout à fait superficielle a donné ou donne encore de l'or en certains points ; cet or existe en pépites non roulées.

L'Or de « Greda ». — C'est l'or d'alluvions proprement dit qui, à cause de la richesse presque constante des affleurements à or visible, a joué et joue encore dans la Guyane Vénézuélienne un rôle prépondérant au point de vue des découvertes et un rôle non négligeable en ce qui concerne la production.

La « Greda » est la couche alluvionnaire ; elle repose sur le « cascajo », c'est-à-dire sur le bed-rock décomposé et elle est surmontée d'une couche stérile.

Les « Pintas ». — Les endroits où la Greda est payante portent le nom générique de « Pintas », mais ce nom désigne aussi les lieux où l'on trouve l'or de « Cantera » (voir plus loin).

La vraie définition de la « Pinta » est la suivante : c'est l'endroit où, par un travail superficiel, on trouve de l'or que l'on peut libérer de sa gangue, (quartz, cascajo ou alluvions) sans recourir au broyage.

Rôle de l'or de « Greda ». — J'ai indiqué le rôle des « pintas » dans la découverte des veines riches ; c'est d'ailleurs, celui que jouent les alluvions riches dans tous les pays et je n'y reviendrai pas.

Au point de vue de la production, ce rôle est loin d'être négligeable. Dans la « Pinta de Caratal », la seule sur laquelle j'ai pu avoir quelques chiffres, car les noirs sont très jaloux de cacher leurs découvertes, la teneur du mètre cube ne descend jamais au dessous de cent francs, et cela en l'absence de toute pépite serieuse ; l'or est nettement de l'or gros. les morceaux de moins de un décigramme sont rares, les pépites plus grosses assez communes ; il ne se passe pas de semaines où on n'en retire de quelques onces, j'en ai vu retirer une de six onces, et, il y a quelques années, la couche de « greda » de Caratal a fourni un nugget de treize livres.

Dans la saison ou j'ai visité le Yuruary, saison sèche aggravée par le manque d'eau dans la saison des pluies précédentes, toutes les « pintas » étaient abandonnées ou à peu près, et les noirs habitant Caratal travaillaient seuls la « greda » d'une manière suivie ; ce travail à la battée produisait environ 350.000 francs d'or par mois.

En outre du rôle économique inhérent à ce mouvement d'or, on peut dire que la présence et l'exploitation de la « greda » est la seule cause qui ait pu, après la déconfiture du Vieux Callao, rendre sédentaire une population noire étrangère au pays ; elle lui a permis de vivre, moins largement que jadis, ce qui a diminué ses prétentions, elle lui a laissé le temps de mettre en culture une partie du terrain, elle a créé un mouvement de numéraire et de marchandises suffisant pour faire vivre la population des négociants du Callao, bien différents des mercantis ordinaires des champs d'or, bien plus intéressants et bien plus utiles que ceux-ci ; l'or de greda a donc joué un rôle assez important pour que je lui aie consacré quelques pages.

CHAPITRE III

L'OR DANS LE QUARTZ

Or de « Cantera ». — Beaucoup de veines sont cariées aux affleurements ; le quartz qui forme ceux ci se désagrège facilement à la main, soit au marteau, soit par un broyage sommaire, ce qui rend libre, sans amalgamation, l'or contenu dans le squelette quartzeux ; quand cet or atteint une certaine dimension, de manière que chaque morceau pèse au moins quelques grammes, il est dit « or de Cantera ».

Où on le trouve. — L'or de Cantera s'est trouvé sur beaucoup d'affleurements et surtout sur ceux qui jalonnaient les colonnes riches des veines exploitées jusqu'ici.

Il est surtout abondant dans les nerfs pyriteux décomposés qui séparent les veines à quartz multiples, cette roche forme un « moco de hierro » spécial, différent du véritable minerai de fer de la région, (conglomérat très légèrement aurifère placé à la base des bassins de roche verte) et ce moco de hierro, très riche en gros or, très facile à désagréger donne de très bel or de « Cantera » ; j'ai vu une récente et belle exploitation de « Cantera » dans les nerfs du gros filon du Caratal (propriété de la Callao Bis).

Le Quartz à or visible. — Il est très fréquent, en dehors de la partie carriée à broyage facile ; on le rencontre, soit assez finement disséminé, soit au contraire rassemblé en masses plus importantes ; variant de deux grammes à plusieurs onces ; l'or disséminé forme des veines ou des mouches et ne peut être séparé que par un broyage complet ; par mesure de prudence, ces quartz sont traités à part, mais le mode du traitement est le même que celui des quartz ordinaires.

L'or en masses plus importantes forme des « Cochanos » qui affectent les formes les plus diverses, sont cristallisées, striées, réticulées ; le quartz à Cochanos ne passe pas au moulin ; il est broyé dans un pilon. Il n'y a d'autres différences en l'or de « Cantera » et l'or de « Cochanos » que la profondeur et la dureté plus grande du quartz qui contient ce dernier.

L'or peut être très abondant et très disséminé ; c'était, en général, le cas du Vieux-Callao ; la mine de Santa Maria, très riche en « Cochanos » a cependant une teneur trois ou quatre fois inférieure à la première.

Teneur correspondante. — Il y a une relation constante entre la teneur du quartz et la présence ou l'absence d'or visible. Tout quartz à or visible renferme au moins 1 oz. de métal ; les quartz sans or visible renferment 3/4 d'once (15 pennyweights) ou moins. Ces variations d'aspect et de teneur peuvent d'ailleurs se présenter d'une veine à l'autre ou dans la même veine.

Répartition des Quartz à or visible. — Il en résulte une assez grande difficulté de séparer les veines à or visible des autres ; peu de veines n'en ont pas présenté en certains points ; on peut cependant faire remarquer l'absence presque complète d'or visible dans les veines « Remington » « Eureka » « Victoria » « Chile », dans le relèvement sud du vieux Callao (Callao bis).

J'indiquerai plus loin que cette absence d'or visible, exclusive d'une très grande richesse, est en général compensée par une grande régularité d'allure et de teneur.

Disparition générale de l'or dans la profondeur. — On ne cite que deux mines où le travail ait été régulièrement poursuivi sur une profondeur notable ; ce sont celles du Vieux Callao et du Chile ; partout ailleurs, les étages ont été en se rétrécissant au fur et à mesure que la profondeur augmente, et le travail a fini par cesser.

La raison fournie pour justifier cet état de choses est la disparition de l'or en profondeur, et comme il est avéré que l'or de « cantera » en particulier, c'est-à-dire celui dont la facile exploitation frappe le plus les propriétaires, disparaît réellement, on n'a eu aucune peine à admettre (sinon à imprimer) qu'il y a là un fait général, s'étendant à toutes les natures d'or et à toutes les mines.

Cette disparition est-elle réelle ? — Tout ce que j'ai vu dans le bassin de Yuruary m'a mis en garde contre les conclusions trop promptement tirées par les mineurs de leurs travaux de mine.

On peut affirmer, en effet, et je reviendrai sur ce point, que peu de gites ont été travaillés avec un pareil mépris des règles de l'art en ce qui concerne les recherches ou les explorations qui doivent toujours précéder les travaux productifs.

Les frais de creusement de galeries, jadis assez élevés, croissaient rapidement avec la profondeur, à cause d'une extraction pénible par puits inclinés ; on comprend que, dans toute mine de cette nature, conduite sans souci d'avenir, la teneur payante augmentant au fur et à mesure qu'on descend, le gîte exploitable paraîtra affecter une forme de coin, très large à la surface qu'on a pu attaquer par plusieurs points, puis de plus en plus étroit, jusqu'à la pointe qui correspond à la profondeur où les frais et les produits s'équilibreront.

Toute mine affectant cette forme en coin, ne présentant que de courtes galeries de reconnaissance, diminuant en profondeur, sera suspectée d'avoir été mal explorée.

Or c'est la forme que présentent la plupart des travaux de quelque importance arrêtés dans la profondeur ; la « Panama », la « Potosi Ancienne », « les travaux faits sur le filon de Caratal » « La San Felipe » et d'autres encore montrent cette forme en coin, et partout ce coin a le même angle, ce qui fait bien ressortir une influence générale indépendante des conditions variables avec chaque gîte.

Cette influence est due à la fois au prix élevé ancien de l'extraction et aux errements suivis par le personnel minier.

Exceptions.—Des exceptions existent, d'ailleurs ; deux sont célèbres, celles du Vieux Callao et celle de la Columbia ; au Vieux Callao, les travaux ont été poursuivis sur 300 mètres de hauteur sans qu'il y ait eu disparition de l'or visible ; c'est même, à part la zône strictement superficielle, entre les niveaux (200 et 300 mètres au fond) que l'or a été le plus abondant.

Les travaux de la Columbia n'ont, ni atteint cette profondeur, ni révélé une teneur comparable ; cependant il s'agit de quartz à or visible qu'on a rencontré jusqu'au fond ; j'ai même vu, dans de nouveaux « barranquos » (puits) établis sur le prolongement N.-O. de la veine, le quartz, stérile à la surface, devenir payant en profondeur.

D'ailleurs, ce que j'ai dit de l'insuffisance radicale des recherches ne saurait s'appliquer à la Mine de « Chile » où, au contraire, elles ont été systématiquement faites ; aussi cette mine n'affecte-t-elle pas la forme en coin des autres ; elle a été travaillée sur 600 pieds de profondeur inclinée, et la teneur moyenne, (il est vrai, 13 dwts) est restée constante.

Il demeure donc douteux qu'il y ait un appauvrissement réel, général et total de la plupart des mines ou, pour mieux dire, je crois à un appauvrissement assez rapide des mines à affleurements riches, mais non à la disparition de l'or.

Sa cause probable. — Comme je le montrerai, les quartz et la roche encaissante étant contemporains, les influences de surface, dont on connaît maintenant le rôle prépondérant dans les phénomènes métallifères de faible profondeur, ont pu ou ont dû s'exercer avec une grande intensité et une grande uniformité (eu égard à l'allure moyennement montueuse du terrain).

La décomposition de la roche verte encaissante, la dissolution et la reprécipitation des pyrites qu'elle renferme, phénomènes saisis sur le vif dans les « canteras » de « moco de hiero » ont suffi à créer une zone superficielle de grande richesse dont la disparition a d'autant mieux servi à créer la légende de l'appauvrissement total, que les Compagnies se sont formées dans l'unique espoir de voir continuer cette zone, espoir fondé sur la prolongation de celle du vieux Callao.

Vérité probable sur la richesse. — J'admets donc, autant d'après mes constatations que par analogie avec ce que j'ai vu presque partout ailleurs, qu'il peut exister une zone superficielle riche sur la prolongation de laquelle on ne doit pas compter ; mais cette zone est indépendante des « colonnes riches » qui ont joué et qui joueront un si grand rôle dans le bassin du Yuruary. De pareilles colonnes, quand elles affleurent, auront un affleurement extraordinaire et temporaire quant à sa durée ; mais elles peuvent se continuer dans la profondeur.

En dehors des colonnes, un affleurement riche disparaîtra, mais en surmontant, en général, une région profonde, à bonne teneur moyenne facile à suivre en descendant, à condition que les travaux de recherche soient rationnellement conduits.

Constance des veines à teneur moyenne. — Je signalerai, comme se rapportant au même sujet, et fortifiant mes conclusions, que les veines à teneur moyenne explorées ou exploitées dans ces derniers temps, c'est-à-dire en dehors des errements anciens. ont montré une grande régularité de teneur ; en plus de la « Chile », déjà ancienne, je citerai la « Remington » et le « Peru ».

CHAPITRE IV

ALLURE DES VEINES

Epaisseur. — Elle varie, pour les veines exploitées de 2 à 10 pieds et même davantage ; elle est, le plus généralement, de 3 pieds, et très constante.

Les veines minces. — Au-dessous de 2 pieds, on a systématiquement négligé toutes les veines minces dont, dans d'autres pays, on sait tirer parti ; je citerai, par exemple, les deux veines de moins d'un pied rencontrées dans le creusement du puits n· 6 du Vieux Callao, au toit de la veine principale, et très chargée en or visible.

Les « Bombas ». — Certaines de ces veines minces sont cependant si riches qu'on les a exploitées. Malgré la difficulté de les suivre au milieu de la roche verte, quand elles n'ont que quelques pouces de puissance ; il est vrai qu'une partie de cette puissance est parfois occupée par l'or ; ç'a été le cas de la plus célèbre de ces « bombas », celle du « Tigre ». Il en reste, certainement beaucoup à découvrir et à suivre avec plus de persévérance qu'on n'a su le faire jusqu'ici.

Continuité des veines. — En direction, les veines ont une continuité à peu près parfaite ; elles s'amincissent, se bifurquent, mais sans disparaître, et cela quelle que soit la profondeur. La continuité du remplissage ne peut faire aucun doute.

Roches encaissantes. — Ce sont des schistes verts très anciens, probablement précambriens, fortement métamorphisés, mais parfois très fissiles et d'aspect plus récent, comme il arrive pour la « pierre bleue » du Callao ; ces schistes dont la stratification est toujours visible se décomposent par oxydation du fer qu'ils contiennent, mais en conservant leur structure rubanée ; sous cette forme, ils constituent le « Cascajo ».

Filons de Granulite. — J'ai rencontré deux filons, très puissants, de granulite qui ont coupé et rejeté les travaux de la Remington (au Nord du bassin) et de la Victoria (au Sud).

Filons de Diorite. — La véritable diorite, à gros éléments, est commune à la pointe Nord du bassin de l'autre côté du Yuruary ; elle doit aussi se trouver dans le centre, car les « Quebradas » en roulent de beaux blocs, mais les affleurements sont sans doute cachés dans les forêts encore inexploitées au Sud du col de « Chile ».

On rencontre dans les travaux des dykes de roche verte, intermédiaire entre la diorite et la diabase, nettement éruptifs et postérieurs à la formation quartzeuse qu'ils rejettent en jouant le rôle de faille.

Plusieurs de ces dykes n'affleurent pas au jour ; les plus nets se rencontrent dans la propriété de « Panama » sur la veine de la « Lagunita » (qui n'est que l'amont-pendage de la veine du « Peru ») et dans la mine de la Columbia, où un dyke presque parallèle à la veine, mais plus incliné qu'elle, est venu couper les travaux dans une partie très payante et les a rejetés en profondeur ; un sondage au diamant de 25 mètres n'a pas traversé ce dyke mais plus au Sud, il s'amincit ou s'enfonce, et les travaux ont retrouvé la veine.

Quartzites. — La roche encaissante se charge souvent en quartz et passe à la véritable quartzite.

Interstratification des veines aurifères. — J'ai toujours employé le mot de « veines » qui ne préjuge en rien du mode de formation, et jamais celui de « filons » qui suppose une cassure postérieure au dépôt du terrain.

C'est qu'en effet, les veines du bassin du Yuruary ne sont pas des filons, mais des couches, formées en même temps que les schistes ou produites par intrusion du quartz après leur consolidation, elles sont, en tout cas, nettement interstratifiées dans les feuillets de la roche encaissante.

Preuves directes de l'interstratification. — L'examen détaillé des travaux et surtout une étude d'ensemble sur le bassin ne permettant pas, je crois, d'hésiter sur la qualification qui appartient aux veines aurifères ; ce sont des couches (quant à la position) à remplissage probablement filonien (hydrothermal) et non des filons.

Cependant cette opinion heurte tellement les idées émises jusqu'ici, que je crois devoir indiquer sur quelles veines se voit l'interstratification.

On n'en peut douter, ni à la Panama (entrée de la mine), ni à Remington (visible surtout dans les parties éboulées du toit qui tombe par paquets nettement parallèles à la veine), ni à la Santa Maria où, à partir de la veine principale, des veines secondaires, riches en or, alternent avec les schistes en s'amincissant peu à peu et se confondent avec les schistes encaissants ; des travaux dits « Western Lode » ouverts sur une prolongation probable de la veine « Panama » montrent aussi, à n'en pas douter, l'interstratification.

Preuves indirectes. — Les preuves indirectes ont plus de force encore, car elles s'appliquent à toutes les mines que leur état d'abandon ne m'a pas permis de visiter ; la principale est le contournement certain de plusieurs veines ; les affleurements ou les galeries dessinent des courbes très accentuées et cela d'une façon constante (voir sur la carte « La Remington » et la « Corina », la « Callao » et la « Callao Bis », la « Caratal » et la « Colombia », la « Tigre » et la « Santa Maria », la « Peru », la « Lagunita », le « Western Lode » et la « Bolivar Hill », la « Eureka »).

Une pareille allure exclut absolument l'idée de cassures filoniennes, d'autant plus que les roches observées çà et là présentent les mêmes contournements, en rapport avec ceux des veines les plus voisines.

La mieux connue de ces veines, celle du Vieux Callo, a si nettement les allures d'une couche, qu'il est difficile de s'y tromper ; les travaux y ont révélé l'existence d'une cuvette connue et suivie sur les deux tiers de sa circonférence, et retrouvée, par un sondage, sur le troisième tiers.

Sur la zone verticale, le puits n° 6 a recoupé deux autres veines aurifères ; il est bien difficile d'admettre qu'une veine aussi régulière soit un filon couché puis façonné en forme de cuvette après coup, cette hypothèse devient invraisemblable et on remarque que la plupart des veines accusent une allure du même genre ; il faut enfin absolument la rejeter quand on a constaté, comme je l'ai fait, des preuves directes d'interstratification.

Je considère donc comme acquis, sans le moindre doute, que les veines aurifères du bassin du Yuruary, sont des couches de quartz interstratifiées.

Conséquence défavorable. — Je ne vois guère à citer, comme telle, que la faible inclinaison des couches (45° t 50°) et leur relèvement fréquent en cuvettes qui limite à quelques centaines de mètres la profondeur exploitable.

Conséquences favorables. — *Facilité des recherches* ; l'allure, souvent observable, des schistes placés à faible distance, donne de précieux renseignements.

Grandes quantités de quartz. — A cause de la régularité des veines et de leur nombre, non-seulement quand on parcourt le bassin, mais encore sur une zône verticale, c'est-à-dire dans la même propriété ; par ex. le puits n° 6, quatre veines appartenant à trois couches, et j'ai de fortes raisons de penser que, quelques centaines de mètres plus bas, on rencontrera aussi la Remington.

Raccordement des affleurements et continuité des gites. — Ceci découle directement de tout ce qui précède, et a pour avantage de centraliser dans un seul groupe des exploitations encore séparées ; c'est une très notable économie sur le prix de revient.

Présence d'une quantité limitée d'eau. — Les veines de cette nature, surtout en terrain imperméable, recueillent et conservent beaucoup moins d'eau que les filons dont le remplissage est toujours imparfait et qui font office de grandes cassures.

Continuité de la teneur moyenne. — Bien que d'origine filonienne, quand au fond, ces veines où la sédimentation a joué un certain rôle ont néanmoins une minéralisation plus disséminée, partant plus régulière, que les filons promprement dits.

Existence d'autres « Bombas ». — L'uniformité remarquable du bassin devient toute naturelle et, en dehors de toute hypothèse (p. 15) sur la raison d'être des « Bombas », il est certain que, à cause de cette seule uniformité, il existe en d'autres points à découvrir par hasard ou méthodiquement, des enrichissements exceptionnels étendus (comme au vieux Callao) ou limités.

CHAPITRE V

RÉSUMÉ DES CONDITIONS TECHNIQUES DU YURUARY

Les défauts. — Discontinuité de la richesse, j'ai déjà longuement expliqué, qu'elle est plus apparente que réelle, à condition qu'on excepte des évaluations les affleurements et les « Bombas » ; au point de vue du rendement total elle n'en existe pas moins et c'est un défaut que le Yuruary partage avec la plupart des gisements à gros or dont plusieurs. comme l'Australie de l'Ouest et le Klondyke le présentent à un degré bien plus élevé.

Trop d'espoir fondé sur les affleurements. — On a reconnu trop tard que la zone superficielle avait toujours une richesse anormale ; les calculs se sont faits sur cette base et l'on a rien fait, pendant de longues années, pour diminuer le prix de revient qui, dans des pays nouveaux, éloignés, et tombés entre les mains d'ignorants, est toujours très élevé ; plutôt que de reconnaître comme une loi générale l'appauvrissement en profondeur, et d'y remédier par des économies, on a préféré condamner un à un les gîtes qui montraient ce phénomène jusqu'au jour ou le Vieux Callào, seul resté debout, a périclité lui-même sous le fardeau des mauvaises habitudes qu'il avait créées.

Habitudes de gaspillage. — Ces habitudes, indépendantes de l'allure et de la richesse des gîtes sont, avec l'absence de science minière. la cause de l'arrêt de l'exploitation, elles sont dues, tout entières, à la hâte, à l'imprévoyance et au manque de capacité des vrais découvreurs du bassin et, il faut le dire à leur décharge, à l'excessive richesse du Vieux Callao qui, pendant des années, a supporté les dépenses les plus excessives et les moins justifiées.

Cinq années de stagnation et cinq années d'arrêt complet du travail ont bien assagi la population qui, pendant ce temps, n'a pu vivre que de l'or de greda. La journée qui fut de 20 francs par jour pour un mineur, qui n'était pas descendue au-dessous de 16 à 12 francs (suivant les Compagnies) a fortement baissé. Les mêmes mineurs sont embauchés maintenant pour 6 francs (par la Peru) et le souci de recruter les meilleurs ne fera pas monter la journée à plus de 8 francs.

Il appartient, bien entendu, à des Directions nouvelles, de réprimer tous les autres abus et de ramener, au point de vue du prix de revient, le bassin du Yuruary dans les conditions moyennes, dont il n'aurait pas du sortir.

Insuffisance de l'eau. — Non seulement il a fallu abandonner aux irréguliers le lavage de la « greda », mais encore, dans les périodes de longue sécheresse, la plupart des moulins sont obligés d'arrêter leur travail pendant quelques semaines, parfois plus longtemps ; seuls les deux moulins de la propriété du Callao ont de l'eau d'une façon constante.

Qualités. -- Facilités d'accès. Malgré l'absence regrettable de chemin de fer, elles sont assez grandes puisque, dans les meilleures conditions, le Callao est à 18 jours d'Europe.

Agrément et salubrité du climat. — C'est un facteur non négligeable.

Proximité du bois. — La présence simultanée constante des schistes verts et des forêts est des plus heureuses, puisqu'elle permet un prix peu élevé pour le traitement au moulin.

Abondance et intelligence de la main d'œuvre. — On peut évaluer au minimum à 6000 les ouvriers répandus (concentrés plutôt) dans le petit bassin du Yuruary ; tous ont acquis, par quinze à vingt ans de pratique, une bonne éducation professionnelle ; on y trouve donc en abondance, non seulement des mineurs convenables, mais tous les genres d'ouvriers d'état, jusque et y compris des mécaniciens et, cela, à des prix bien moins élevés qu'aux Etats-Unis.

Sous ce rapport, la région du Callao présente tous les avantages d'un pays déjà anciennement exploité, où des traditions se sont créées et maintenues.

Grande quantité de quartz connu — Il est difficile de l'évaluer, mais on peut dire qu'après une exploitation qui consommait annuellement plus de 25c.000 tonnes de quartz, le gisement considéré dans son ensemble, ne présente aucun signe de fatigue, et que c'est la désharmonie entre la teneur et le prix de revient qui, seule, a amené l'arrêt des travaux ; une autre preuve est, d'ailleurs, facile à tirer de la faible profondeur moyenne des mines qui, si on en excepte le Vieux Callao, peut être évaluée à soixante mètres, chiffre insignifiant, même au Yuruary.

Quartz à découvrir. — Il en reste beaucoup.

Epaisseur favorable. — L'épaisseur moyenne des veines exploitées varie de 3 à 6 pieds ; ce n'est ni trop, ni trop peu et, dans les parties de teneur moyenne surtout, cette épaisseur est éminemment favorable à l'emploi de la méthode de foudroyage, la plus économique dans cette région.

Dureté moyenne. — L'avancement quotidien du mineur (4 pieds de trou de mine en avancement), montre que la veine est de dûreté moyenne.

Facilité de broyage. — Les pilons de 700 Lbs (poids actuellement léger), broient 2 T. 1/2 par jour, ce qui correspond à un quartz très favorable.

Bonne teneur moyenne du tout-venant. — J'établirai, dans la troisième partie, que la teneur moyenne des quartz est de 15 dwts et, par comparaison avec le prix de revient que l'on doit atteindre, que cette teneur est sérieusement rémunératrice, combinée surtout avec la quantité de minerai que l'on peut traiter annuellement.

Facilité des travaux de recherche. — La continuité des veines, la constance relative de leur épaisseur et de leur teneur, leur interstratification, sont autant de circonstances que j'ai examinées en détail et qui sont de nature à rendre le gîte facile à exploiter et à explorer.

Probabilité très grande de rencontrer des parties très riches. Elle résulte de ce que j'ai dit précédemment (p. 15 et 17) je reviendrai, d'ailleurs, et avec force, sur ce sujet, en examinant les avantages de l'affaire que j'ai été étudier, restreinte à la propriété du Callao.

DEUXIÈME PARTIE

La Propriété du Callao

CHAPITRE VI

LA PROPRIÉTÉ TERRITORIALE.

Etendue. — La propriété du Callao s'étend sur une superficie de 2.750 hectares.

Situation. — Au contraire de la plupart des propriétés du pays, formées de parcelles séparées, la propriété du Callao est en deux tenants seulement ; le premier et le plus étendu, constituant le Callao proprement dit, occupe tout le Nord du bassin aurifère, en bordure du Yuruary, (plus de 12 kilomètres de longueur) qu'il traverse même, et entourant toute la ville du Callao, restée terrain neutre au point de vue minier ; en dehors de l'existence même des mines, c'est évidemment la position de choix dans le bassin.

Le second tenant, situé à l'Est du bassin, touche presque à la ville de Caratal (Nueva Providencia) (4.000 h.), centre des premières découvertes ; il formait la propriété de la « Union » traversée par la Nocupia, seul affluent sérieux du Yuruary il faut 1/2 heure pour aller, à cheval, du Callac à Caratal.

Un chemin de fer à voie de 75 centimètres, en excellent état, tant au point de vue de la voie et des ouvrages d'art qu'à celui du matériel, réunit les deux propriétés ; il appartient au Syndicat.

Nature de la propriété. — La propriété a, sur la plupart de celles du bassin, l'avantage d'être complète ; elle comprend le fonds et le tréfonds et ne résulte pas d'une concession dont on pourrait craindre la révocation.

Elle est bornée partout, par des « picas » ouvertes à travers la forêt et plantées avec des « bottalons » (bornes).

Concession forestière. — En outre des forêts comprises sur son domaine, le Syndicat possède la moitié d'une concession forestière (droit exclusif d'abattre moyennant une faible indemnité au propriétaire du fonds) dite du « Monte Sacro » et s'étendant, en bordure du Callao, sur 1.125 hectares; cette concession est vierge.

CHAPITRE VII

LES RICHESSES MINIÈRES

Le Vieux Callao. — C'a été un des plus beaux gîtes d'or qu'on ait jamais exploités ; entamé avec un capital argent de 240.000 francs, il a fourni, officiellement 140 millions d'or, en réalité et en tenant compte des vols, près de 250 millions ; il a distribué, malgré un gaspillage effrené, 50 millions de dividende en 17 ans ; les parts de 10.000 francs ont valu 2 millions.

Les 700.000 tonnes de quartz qu'on a tirées ne représentent qu'une partie de ce que contient le gîte et les nécessités financières causées par une mauvaise administration, par l'insuffisance des recherches et par l'épuisement, apparent du moins, de la partie très riche, ont obligé d'abandonner cette cuvette du Vieux Callao dont tout le relèvement Ouest, le plus vaste et placé dans la propriété reste inconnu quant à son étendue et à sa richesse ; l'existence seule en est rendue certaine par un sondage.

Tous les vieux travaux, noyés et systématiquement éboulés doivent être considérés comme perdus ; je montrerai plus loin le rôle que doit jouer le relèvement de la cuvette dans une reprise du travail.

La Remington. — Situation. — La veine « Remington » affleure à environ 1500 mètres de la ville de Callao dont elle est séparée par un col insignifiant ; ses affleurements dominent néanmoins la plaine du Yuruary d'une soixantaine de mètres ; un chemin de fer, propriété du Syndicat, relie le puits principal au moulin du Callao, il n'y a donc pas, au point de vue des transports, de différence sensible entre la « Remington » et le « Vieux Callao ».

Historique. — Signalés par une « pinta » assez intéressante (la pinta Della Costa), les affleurements ont fait l'objet d'un groupement de propriétés, suivi d'une exploitation désordonnée et relativement peu rémunératrice à cause du manque d'eau ; un moulin de 3 pilons fut même établi par la « Orinoco Exploring Co » pour broyer les quartz arrachés dans la « cantera ».

Mais la « Remington », mine à rendement moyen, ne pouvait payer à cette époque et avec une aussi faible extraction ; en 1880, la propriété fut acquise par le Callao ; la période des rendements fantastiques battait son plein pour le Vieux Callao et rien ne fut fait à la Remington jusqu'en 1894.

A cette époque, et sous l'influence des éléments jeunes de la Compagnie, eut lieu, avec une grande décision et une activité louable, l'ouverture de ce champ d'exploitation qui fut aménagé, tracé, et conduit à l'état ou je l'ai vu. Pour des raisons que je déduirai plus loin, la baisse du prix de revient, fort importante, ne pouvait l'être encore assez.

Il reste, en tous cas, une mine outillée, préparée, explorée et prête à une reprise immédiate, que j'ai pu visiter dans toutes ses parties.

Données principales. — La veine Remington donne, plus que toute autre du bassin, l'impression d'un filon, par la régularité de sa direction dans l'étendue de la propriété (N.-E., S.-O.) et son plongement presque vertical (75 à 80°). Il n'y a là, cependant, qu'une apparence ; l'interstratification est très visible dans les parties éboulées du premier niveau ; de plus la Remington a évidemment pour prolongement, sur la propriété de la « Nacupay », la veine « Corina » à direction E.-O. et à plongement Nord ; vers le Sud, la veine doit aussi tourner vers l'Ouest et se relier à un des affleurements rencontrés par les travaux du Chemin de fer.

L'épaisseur est de 2 à 6 pieds, avec moyenne de 3 pieds 1/2 ayant tendance nette à croître avec la profondeur.

Continuité. — La veine est connue sur 240 pieds de profondeur et, aux étages inférieurs, sur 650 de longueur ; l'étude de la « pinta » d'affleurement, et celle des veines plus anciennement exploitées du bassin, ne laissent pas de doute sur la continuité de l'allongement, jusqu'aux limites de la propriété, c'est-à-dire sur environ 750 mètres.

En ce qui concerne la profondeur, on ne peut l'évaluer ; elle atteindra certainement celle du Vieux Callao et, probablement, sans raplatissement sensible de la veine ; plus bas, je suis porté à penser que le pendage diminuera et que la « Remington » ira passer, à une grande profondeur, sous le Vieux Callao ; ce n'est que dans un avenir éloigné que l'on saura ce qu'il y a de fondé dans cette prévision.

En restreignant à 300 mètres la hauteur sur laquelle on peut, à coup sûr, compter, la Remington offre une ressource en quartz d'environ 500.000 tonnes.

Teneur. — Sauf exceptions locales, la « Remington » n'est pas une veine à or visible, aussi sa teneur moyenne, d'une grande régularité, peut elle être fixée aux environs de 3/4 d'once (15 dwts, 22.5 grammes à la tonne), sans tenir compte de ce que la cyanuration permettra de retirer des pyrites, assez fréquentes dans les épontes et dans le quartz lui-même.

Cette teneur est celle obtenue au moulin par le broyage d'environ 10.000 tonnes de quartz, défalcation faite de l'effet défavorable dû au passage des terres d'affleurement que l'on a extraites sans mesure, sur une largeur beaucoup trop grande et qui, en moyenne, ne tenaient que 2 1/2 dwts.

Les traçages du niveau inférieur ont donné de 18 à 20 dwts (1 once, essai industriel).

Les échantillons que j'ai pris aux avancements ont donné 16 dwts de moyenne.

Ici, d'ailleurs, comme dans les autres veines, c'est au rendement industriel qu'il convient d'accorder toute l'attention, et, à ce sujet, je dois dire que les divers rapports imprimés par la Compagnie du Callao me paraissent digne de la plus entière confiance, tant au point de vue des dépenses qu'à celui des rendements ; j'ai pu contrôler tous ceux-ci par les livres du moulin, documents inattaquables ; et, obligé de critiquer certains errements de la Compagnie, je dois rendre hommage à la parfaite sincérité et à la parfaite honnêteté avec lesquelles le public a été tenu au courant des circonstances, même fâcheuses, au fur et à mesure qu'on pouvait les rencontrer ou même les prévoir.

Aménagement. — Il comporte deux puits ; le puits incliné qui descend jusqu'à 180 pieds et le puits vertical (extraction, aérage, passage des ouvriers, épuisement) descendant jusqu'à 290 pieds ; des travers-bancs de plus en plus courts réunissant à la veine ce puits qui est placé dans le toit.

Sur ces puits sont branchés trois niveaux et, au fond, l'amorce d'un quatrième.

Vers le N.-E. la colline qui contient les affleurements s'abaisse vers le Yuruary, aussi les niveaux ont-ils rencontré les anciens travaux après un parcours d'autant plus long qu'ils étaient plus profonds, le n· 3 a ainsi parcouru 350 pieds, tandis que le niveau inférieur s'est maintenu sur 250 pieds dans une veine solide de 2 1/2 à 3 pieds d'épaisseur, ayant 4 pieds à l'avancement.

L'étage compris entre ces deux niveaux (20 mètres environ de hauteur, est prêt à l'abattage.

Vers le S.-E., les niveaux 1 et 2 sont venus buter contre le filon de granulite dont j'ai déjà parlé, ce filon, à peu près N.-S. et à pendage vers l'Ouest, a été abordé par son mur et a égaré les travaux à cause des veines de quartz, peu ou pas aurifères, qu'il contient, et qu'on a suivies en cherchant à s'éclairer, près de la surface, par des tunnels creusés dans la roche décomposée et qui n'ont fourni aucune indication.

Par contre des recherches récentes, faites dans la même roche sur la propriété de la Callao Bis, m'ont démontré la continuité de ce filon, et, comme les affleurements de la Remington réapparaissent au S.-O, il est hors de doute que le filon de granulite est un simple accident, facile à traverser et qui ne mérite pas d'attirer d'avantage l'attention.

Toute cette région du S.-O., au delà du puits incliné est tracée, mais non abattue.

Au-dessous du niveau de 240 pieds, le puits a été approfondi de 50 pieds, ce qui permettra la création immédiate d'un nouveau niveau.

Outillage. — Le puits est pourvu de tous ses moyens d'extraction et d'épuisement ; la mine a été dénoyée pour ma visite ; un compresseur d'air permet de reprendre la perforation mécanique.

Il n'y a rien autre à changer qu'une pompe de fonctionnement médiocre qu'on remplacera par un des nombreux appareils similaires figurant à l'inventaire.

Reprise possible. — Dans l'espace d'un mois, cette mine, convenablement entretenue jusqu'ici, peut être mise au point et remise en pleine période complémentaire d'aménagement, une fois relevés les quelques éboulements que j'ai dû franchir.

La « San Felipe » — Cette veine est située sur la propriété de la « Union » et non encore reliés par chemin de fer au moulin du Caratal, appartenant au Syndicat, mais les études sont faites et les rails existent en magasin ; ce serait donc une faible dépense que d'achever cette voie.

La veine, dirigée N. 30· E., avec plongement vers l'Est, est peu inclinée (40) ; elle est puissante de 4 pieds, nettement interstratifiée, et formée d'alternance de quartz et de roche verte quartzeuse et pyriteuse ; elle contient de l'or visible et payait 1 1/2 oz à la surface ; on y exploite encore des quartz de l'once, mais la teneur moyenne ou tout-venant obtenu au moulin est de 15 dwts.

La « Santa Maria ». — A la même direction et le même pendage que la San Felipe au mur de laquelle elle est située ; elle se relie d'une manière presque certaine à la « Tigre » veine mince située dans la propriété voisine de la « Culumbia » et qui a eu une bomba célèbre par sa richesse.

Une veine principale, massive, de 3 à 5 pieds, donne au moulin un rendement moyen de 15 dwts ; des veines relativement minces (1/2 à 2 pieds), situées dans le toit, ont donné beaucoup d'or de « cochanos », malgré que, à cause de leur minceur, on n'en ait jamais fait l'objet d'une exploitation systématique.

La mine de « Santa Maria » est placée au terminus actuel du Chemin de fer de Caratal, et à côté du second moulin du Syndicat.

Ces deux mines, dépendances naturelles du moulin de l'Union, sont actuellement amodiées à des Européens qui, malgré qu'ils aient à payer assez cher le broyage, en tirent parti ; elles sont prêtes pour une reprise.

Les quartz de la propriété du Callao. — En outre de ces mines, je mets à part, pour y revenir en temps opportun, le relèvement Ouest de la cuvette du Vieux Callao ; il est certain et la transformation en puits du sondage du n· 7 suffira à l'attaquer ; il contient des réserves de quartz extrêmement abondantes ; quant à la teneur moyenne on ne peut l'évaluer que par comparaison avec les veines du reste du bassin, si on ne veut pas se laisser aller à de trop belles espérances.

La « Iguana ». — Est un long et bel affleurement presque Nord-Sud (N. 30· W) plongeant vers le Sud-Ouest (?) et qui doit avoir un lien avec le relèvement de la cuvette du Vieux Callao. Il a donné 15 dwts à une époque où cette teneur était regardée comme trop faible de moitié. La « Iguana » offre un champ plein de promesses parcequ'il est admirablement situé, en bordure et en contre haut de la voie ferrée appartenant au Syndicat, qui relie le Callao au « Panama » et à moins de 1800 mètres du Callao.

La « Culebra » est un gîte assez éloigné du Callao (7 kilomètres environ), placé dans la partie encore inexploitée des forêts couvrant la propriété ; comme il est à penser que ces bois devront être aménagés et reliés au Callao par une voie ferrée légère, ce gîte, qui paye 15 dwts, mérite d'être cité.

La « Nadal ». — Il s'agit là d'un bel et long affleurement de quartz, dirigé E.-O. avec pendage de 50° vers le Nord et qui, au seul endroit où on l'ait tâté, ne paye que 10 dwts ; mais cette veine se relie à une riche « pinta » d'or de « greda », celle de « Bolivar Hill » et il est permis de penser que des recherches faciles à faire donneront uue valeur à cette veine dont les produits seraient commodément enlevés par la ligne de « Panama ».

La « San Hyacinthe ». — Cette veine est parallèle à la San Felipe et à la Santa Maria et placée entre elles deux, sur le passage de la voie ferrée qui doit relier la San Felipe au moulin de la « Union » ; elle possède les caractères et la teneur de la San Felipe, mais a été beaucoup moins travaillée à cause de sa situation actuelle en pleine forêt.

CHAPITRE VIII

LE MATÉRIEL

Enonciation. — Le matériel et les approvisionnements en magasin sont si nombreux que leur énonciation remplit 25 pages ; je ne puis donc la donner ici ; elle figure comme pièce adjointe ; j'ai constaté l'existence et vérifié l'état de tout ce que porte l'inventaire.

En voici le résumé qui peut nous intéresser :

Matériel de Mine :

13 Chaudières de 500 chevaux.
2 grandes machines d'épuisement de 27.
3 Pompes Caperon.
3 Treuils d'extraction.
3 Compresseurs d'air.
21 Perforatrices avec tous leurs accessoires.
3 Moteurs pour machines-outils.
1 Appareil complet pour le sondage au diamant.

Matériel de broyage :

2 Moulins complets, l'un de 60, l'autre de 20 flèches.
6 Chaudières de 350 chevaux.
2 Machines motrices à condensation.
7 Pompes diverses.
3 Machines outils.

Ateliers :

4 Chaudières de 50 chevaux.
4 Moteurs.
24 Machines outils de toute nature.
1 Cubilot et tous les accessoires de fonderie.

Magasins :

Rechanges et approvisionnements de toute espèce.

Voies ferrées :

14 kilomètres 200 de voie ferrée Decauville de 0,75, poids de 12 kilogs, traverses acier — infrastructure et travaux d'art.

2 kilomètres 700 de voie non posée destinée au tronçon de San Felipe.
1 Locomotive américaine de 16 Tonnes.
2 Locomotives de 6 Tonnes.
32 wagons à quartz de 1 Tonne 3/4.

Maisons :

Une grande maison d'habitation au Callao, toute agencée pour logement, bureaux, laboratoire et caisse.
Un grand magasin au Callao.
Une maison d'habitation à la « Union » près Caratal.

Divers :

3 Frue-Vanners.
1 Four tournant Bruckner et ses accessoires pour traiter les concentrés.

Etat. — Tout ce matériel, entretenu, est en parfait état ; le moulin de la Union fonctionne d'une façon régulière et broie à façon des quartz extraits sur les propriétés de la Union, de la Columbia et du Panama ; les voies ferrées que ce minerai emprunte sont, par suite, en bon état ; j'ai circulé dessus ; lors de ma visite, quelques jours ont suffi à remettre en état le grand moulin de Callao, et je l'ai vu tourner ; enfin les installations de la Remington ont également fonctionné sous mes yeux. Pour le surplus du matériel, je n'ai pas eu de peine à m'assurer des bonnes conditions dans lesquelles il se trouve et qui permettent de lui appliquer, à coup sûr, la période d'amortissement de dix années à laquelle je me suis arrêté.

Valeur. — La valeur d'achat, de transport et de mise en place du matériel énoncé, en y comprenant la maison de Direction, n'est pas inférieure à 4 millions, et, dans les circonstances plus favorables actuelles, la partie utile (exception faite de quelques doubles emplois) ne coûterait pas moins de 2.500.000 à 2.750.000 francs.

Importance économique du matériel. — Ce n'est pas encore ici le lieu de faire ressortir la situation favorable à une reprise que crée l'existence d'un matériel aussi complet ; mais il est certain que l'existence des voies ferrées et celle d'un matériel de mine complet sur les sièges d'extraction de la « Panama » et de la « Columbia », voies ferrées et matériel appartenant au Syndicat, crée une situation très favorable à l'absorption, plus ou moins prochaine par le Callao, de ces propriétés, riches aussi en quartz payant. Je reviendrai plus loin sur ces intéressantes considérations.

TROISIÈME PARTIE

Les conditions d'exploitabilité dans le bassin du Yuruary

Le succès d'une entreprise minière bien administrée, bien conduite, et ayant du minerai en vue pour une période au moins égale à celle de l'amortissement, dépend uniquement de la différence entre le rendement et le prix de revient ; ce dernier met en jeu non seulement les qualités et les défauts inhérents au gîte, mais encore les conditions d'ambiance, variables avec le pays.

Je me suis attaché à relever et à étudier tous les facteurs du prix de revient, à évaluer la teneur et la quantité du minerai en vue, et cette étude a été étendue au basin aurifère entier, ce qui justifie son homogénéité, et ce qui permet d'éliminer certaines circonstances spéciales au Callao, dont l'influence a disparu avec la grande prospérité, mais qui grevait lourdement les produits de cette propriété. De cette étude, on dégagera le bénéfice à attendre du minerai du Yuruary.

CHAPITRE IX

CONDITIONS TECHNIQUES ET ÉCONOMIQUES D'EXPLOITABILITÉ

Transport extérieur. — Je rappelle qu'il s'effectue par bateau d'Europe à Port-of-Spain (Trinidad) ; il y a transbordement sur les vapeurs de l'Orénoque qui, actuellement, remontent jusqu'à Ciudad-Bolivar pour redescendre à San Felix. (La reprise des travaux entraînerait le rétablissement du poste de douane de San Felix). Là, le matériel est débarqué et conduit au Callao dans des charrettes à bœufs par une route médiocre en toute saison, mauvaise ou impraticable pendant un mois de l'année.

Sa faible influence. — Au moment des grandes installations, ces conditions médiocres ont fortement influé sur le prix de celles-ci, car on a payé jusqu'à 16 centvos, par livre (1.500 francs par tonne), sans descendre au-dessous de 8 cts. (750 francs) ; le prix maximum actuel est de 3 cts. et l'on peut être assuré que les transports couteront de 250 à 300 francs par tonne ; c'est cher, d'une façon absolue, mais très normal pour un gîte aurifère, surtout si on songe que la période des grandes installations est terminée.

Sa Sécurité. — La sécurité des transports est absolue non-seulement pour les provisions, mais aussi pour les valeurs et cette sécurité est toute à l'honneur des Vénézuéliens. Le « Courrier de l'Or », qui fonctionne toujours, est d'ailleurs un personnage, sans aucune attache officielle, admirablement équipé et aidé, et il n'y a qu'à reprendre, intégralement, ce que l'expérience avait conduit à faire après le seul attentat commis sur la route, vers 1880, attentat entouré de circonstances assez mystérieuses dont le roman s'est emparé et qui fut réprimé, avec la dernière énergie, par les Compagnies elles-mêmes. Depuis, le service du Courrier de l'Or, réorganisé, a fonctionné et fonctionne encore de manière à donner toute tranquillité.

Transport intérieur. — Le bassin est sillonné de routes suffisantes pour assurer le charoi par voitures ou par mulets ; l'exploitation des forêts en ouvre chaque jour de nouvelles.

Situation privilégiée du Callao. — La propriété du Callao a, par ses chemins de fer, accès dans les régions intéressantes du bassin et peut effectuer, dans des conditions parfaites, tous les transports intérieurs de matériel et de minerai.

La main-d'œuvre. — J'ai dit (p. 9), que la main-d'œuvre, noire, est nombreuse et que la production de l'or de greda, qui lui est abandounée, a servi à la fixer, sans esprit de retour, autant que la jouissance de lopins de terre sur lesquels les ouvriers ont installé des cultures.

Ses qualités. — Les ouvriers sont robustes, suffisamment intelligents, assez maniables pour des noirs, peu difficiles sur les conditions de commodité du travail.

Ses défauts. — Comme noirs ils sont routiniers, comme travailleurs de mine d'or, ils sont voleurs.

Ses progrès. — Depuis les premières imigrations, faites, à prix d'argent, il y a bientôt trente ans, les prétentions ont singulièrement baissé ; l'arrêt prolongé de l'exploitation, la fixation par la culture, l'amélioration des conditions matérielles de la vie ont amené les salaires de 20 francs (prix primitif), à 6 ou 8 francs (prix actuel) pour la journée de huit heures.

Influence du prix des vivres. — Les commerçants, plus atteints que les ouvriers par la crise, ont dû diminuer le chiffre, véritablement excessif, de leur gain et le ramener à un taux raisonnable auquel le souci de leur intérêt et la concurrence les obligeront à le maintenir ; la diminution du prix des vivres a eu une influence heureuse sur le salaire ; le Callao est, d'ailleurs, en pleine région d'élevage et la viande est à très bas prix.

Rendement. — Malgré que les ouvriers soient payés à la journée, ils ont une tâche minima et s'ils ne la remplissent pas, il y a retenue ; dans le quartz, cette tâche est le creusement de deux trous de mine, ayant deux pieds de profondeur chacun ; l'ouvrier doit en outre charger ces trous, faire partir les coups et déblayer le front de taille ; ceci correspond, en abattage, à une production d'un peu plus d'une tonne par mineur et par poste ; c'est la base fondamentale du prix de revient, que l'on peut considérer comme parfaitement établie.

Je noterai encore que, dès 1890, des ouvriers prenaient le mètre d'avancemeut normal à 100-120 francs (dynamite et éclairage à leur charge) et que cela pourrait se refaire.

Ces chiffres se contrôlent mutuellement et permettent d'affirmer que l'abattage proprement dit (en galeries ou en chantiers) va presque aussi vite que dans des gîtes de même dureté d'Europe et coûte à peine moitié plus, ce qui doit être considéré comme favorable.

Les explosifs. — La fabrication de la dynamite est, au Vénézuéla, un monopole corrigé par l'obligation de ne pas vendre plus cher que les produits des Etats-Unis ; en fait, la dynamite rendue au Callao coûte 5 fr. 65 le kilogramme, prix très bas (3 fr. 39 en France, 25 francs à Cayenne).

Le boisage. — Il ne joue qu'un rôle insignifiant ; les terrains sont solides et le bois est à pied d'œuvre ; on l'emploie surtout comme buttes dans l'intervalle des piliers laissés pour soutenir le toit.

L'épuisement. — Les venues d'eau, assez variables d'une mine à l'autre, sont toujours de moyenne importance et, eu égard à l'absence de grandes cassures, ne seront pas à redouter ; le vieux Callao lui-même, quand on eut atteint par le puits n° 6 le fond de la cuvette, n'a jamais donné d'inquiétude de ce côté ; en particulier, la Remington qui m'intéresse plus particulièrement a très peu d'eau ; à la Panama il suffisait d'épuiser une fois par semaine.

Le sortage. — Il est très souvent défectueux parce qu'il s'opère d'un seul trait dans des puits verticaux d'abord, inclinés ensuite, ce qui oblige à employer des bennes de forme spéciale, de faible capacité, et ce qui fatigue beaucoup les câbles.

Il est vrai que, à cause de la médiocre inclinaison des couches, on hésite quelquefois à pousser les puits dans le mur à cause de la longueur du travers banc nécessaire, mais il conviendra, en tout cas, de séparer nettement les parties inclinées, qu'on armera de treuils, des puits proprement dits.

De sérieuses améliorations amenant de notables économies sont à pratiquer.

Le foudroyage. — On n'a jamais remblayé et, à cause du prix élevé des manœuvres et de la décomposition superficielle des roches (absence de carrières à remblai) : le remblayage n'est pas à recommander.

Le foudroyage n'a, sauf dans les parties exceptionnelles, aucun inconvénient et n'a jamais causé d'accident, malgré les surfaces énormes que l'on a fait ébouler à la fois ; il est donc à conserver.

La surveillance. — Elle est indispensable dans les régions à or visible, et, après les vols dont l'importance a dû être considérable, la Compagnie du Callao l'avait organisée sur des bases à reprendre, le cas échéant : vêtements spéciaux, visite à la sortie, triage et ramassage de quartz riches, par une équipe spéciale, après chaque volée de coup de mines.

Personnel des machines. — J'ai déjà eu l'occasion de dire qu'on trouve dans la région, de bons chauffeurs et d'excellents mécaniciens (mulâtres généralement) ; on les paye assez cher (25 francs) mais, pour une production importante, c'est une charge infime.

Le bois. — (Combustible). — Il est douteux que, en l'absence de bois et sans chemin de fer, on eût jamais pu tirer partie des régions, mêmes les plus riches, du Yuruary ; c'est dire l'importance de la question du bois envisagé comme combustible.

Lors de sa découverte, le bassin aurifère du Yuruary formait une grande forêt dont le déboisement progressif n'a atteint que le centre et là, encore, la période de stagnation actuelle a reconstitué du taillis. Le Nord, au-delà du Yuruary, l'Ouest, le Sud et les parties élevées sont à peu près vierges et l'on doit être sans aucune inquiétude sur l'avenir forestier de la région ; même exploitée sans soin, la forêt durera plus que les gîtes ; on doit cependant s'attacher, en vue de diminuer les frais de transport, à aménager les parties les plus proches en coupes régulières.

Qualités. — On a pu compter plus de quarante espèces d'arbres qui, à l'exception du gigantesque « suba » (fromager) donnent généralement de bons bois de chauffage ; je considère toute énumération comme inutile.

Prix de vente. — Il a été très élevé, à cause des transports pour lesquels on n'a jamais fait que le minimum indispensable. On payait jadis la corde (3 st. 1/2) de bois rendu à pied d'œuvre et coupé de longueur (3 pieds), 40 francs ; ce prix est descendu à 30 francs, et l'on doit faire effort pour le diminuer encore.

Propriétés forestières du Callao. — Moyennant l'installation d'une voie portative légère longeant le Yuruary sur sept kilomètres environ en terrain facile, on mettra en valeur toute la région N.·O de la propriété et on aura le combustible à un prix ne dépassant pas 20 francs la corde.

Le travail au Moulin. — Suivant une déplorable habitude, on a installé dans le bassin du Yuruary beaucoup plus de moulins que ne légitimait la faible importance des travaux de recherches. Créées au moment ou le « rich pay shoot » du Vieux Callao payait 5 onces, les Compagnies ont vite abandonné des quartz d'affleurement qui donnaient cependant 1 1/2 à 2 onces ; et les moulins sont restés là, sans avoir servi beaucoup à développer la connaissance minière du bassin, mais après avoir formé un excellent cadre de spécialistes dans lequel on peut encore puiser.

Voici une liste encore incomplète des principales installations :

Orinoco Exploring (Remington)	5 Flèches	
Nacoupay	40 —	(très bon état)
A reporter . .	45 Flèches	

Report . . .	45	Flèches	
Santa Rosa	20	—	
Callao (ancien moulin) . . .	60	—	
Callao (moulin actuel) . . .	60	—	
Peru	30	—	(très bon état)
Chile.	60	—	(bon état)
Union	20	—	(très bon état)
Callao bis	20	—	—
Victoria	15	—	
Choco	20	—	
Panama	60	—	(médiocre état)
Caratal	30	—	
La Hansa	20	—	
TOTAL . . .	460	Flèches	

Ces moulins, les plus récents du moins, sont de la firme « Fraser et Chalmers », et du poids de 750 lbs ; ils sont correctement installés, fonctionnent bien et broient un minimum de 2 1/2 Tonnes par jour et par flèche.

La grande quantité de ceux qui, en cas de reprise partielle, resterait en chomage, permet de prévoir un agrandissement sensible du moulin actuel du Callao sans nouvelle importation et, par suite, l'économie des frais de transport •

En outre des ouvriers d'état, on trouve, en quantité suffisante, des planchieurs et surtout des amalgamateurs connaissant parfaitement leur métier et d'une honnêteté éprouvée, ce qui mérite considération ; je tiens d'autant plus à décerner ce compliment au personnel de l'ancienne Compagnie que je serai obligé, plus loin, de lui adresser de plus vives critiques au point de vue de la capacité minière.

Le personnel de la Mine. — La main-d'œuvre minière est dans une honnête moyenne ; celle des machines et des moulins est d'excellente qualité, et on ne peut dire que du bien du personnel de direction ou de surveillance concernant l'extérieur.

Il n'en est malheureusement pas de même du personnel dirigeant des mines ; il a toujours manqué de connaissances pratiques chez les surveillants et c'est cette incapacité générale, autant que l'incapacité administrative des fondateurs de tant d'entreprises qui ont amené leur ruine ; le gîte est bon, l'outil aussi, mais la tête n'a rien valu ; ceci, bien entendu, reste dans les généralités et ne vise que des qualités spéciales quoique indispensables, qui ont manqué à des gens par ailleurs honorables, dévoués et intelligents. Exceptionnellement même, des chefs complets ont dirigé certaines entreprises, mais sans avoir le temps ou les moyens de rompre avec les errements qui, plus encore que la baisse de la teneur, ont ruiné le Yuruary.

Nécessité d'une importation Européenne. — Les éléments de la surveillance minière demeurés dans la région sont, malgré eux, imbus des errements anciens et, quelque volonté qu'ils en aient, incapables de s'y soustraire ; il y a là des gens honnêtes, dévoués et méritants, que leur connaissance du pays et des ouvriers permet d'employer à l'extérieur ; mais pour la surveillance intérieure, capitaine de mine (maîtres-mineurs) et caporaux (chef de poste) doivent être importés d'Europe.

Rôle du Surperintendant. — Tout en haut de l'échelle, et maître en fait de la conduite de l'entreprise, se trouve le Superintendant que l'on doit payer cher, mais dont on peut exiger qu'il ait de grandes qualités.

Un homme ne les a pas toutes et un Superintendant peut parfaitement ne pas être également qualifié pour la conduite des deux services auxquels il doit cependant s'intéresser puisqu'il leur sert de lien, le service de la mine et celui du moulin.

Je pose en principe que, chez le Superintendant, les qualités du mineur doivent primer celles du mécanicien ; seul un mineur peut agir efficacement sur le prix de revient d'extraction, seul il peut effectuer des travaux de recherche en quantité et dans une direction telles que l'avenir immédiat de l'entreprise soit toujours assuré, car, dans un gîte dont on extrait annuellement 50 à 70.000 Tonnes de minerai, le travail de reconnaissance prend une importance fondamentale.

Or, depuis le début, c'est le contraire qui a eu lieu.

Peu de recherches et commencées trop tard. Tel est le bilan minier des directions anciennes ; qu'on y ajoute l'absence de tout travail d'un intérêt non immédiat (travers-bancs, débouchés nouveaux, etc.) et comme conséquence l'élévation du prix de revient.

Pour terminer ce court mais important paragraphe sur le rôle du Superintendant et anticipant sur les chiffres qui vont suivre, je mets en parallèle le prix de revient tel qu'il était au moment des plus gros dividendes (1888) et celui auquel on doit atteindre maintenant ; on y verra l'influence de ces qualités d'ingénieur d'extérieur dont l'effet survit aux chefs qui les possédaient, puisqu'ils ont formé tout un personnel dont la science acquise permettra de placer à la tête de l'entreprise nouvelle un Superintendant plus spécialement mineur.

Prix de revient en 1888 :

Mine (y compris amortissements)	65,40
Moulin	7,90
Impôt et transport de l'or à Bolivar	2 46
Frais généraux	14,10
	89,86

Prix de revient à atteindre :

Mine	27,61
Moulin	8,59
Impôt et transport de l'or.	2,46
Frais généraux en Europe	1,64
	40,30

La comparaison des deux chiffres de la première ligne et de ceux de la seconde sont la traduction financière de ce que je viens de dire, de même que la comparaison des chiffres de la quatrième ligne me dispensent de rien dire sur le côté de la « Gestion Administrative ».

Pour cadrer avec les comptes-rendus du Callao, j'ai mis le prix de revient sous une forme qui n'est pas la forme définitive, car je ferai porter impôt et transport en déduction du prix de l'once.

Role insignifiant des révolutions. -- Je terminerai ce chapitre en répondant, par avance, aux objections tirées du changement fréquent des gouvernements Vénézuéliens et des révolutions qui les amènent ou qui en sont la suite. En outre de l'exagération toujours attribuée en Europe à ces mouvements, il est certain que la province de la « Guyane » peu peuplée, sans groupements importants, uniquement occupée d'élevage, d'une étendue immense, est en outre placée beaucoup trop loin de la Capitale et, on peut dire, dans une tout autre région, pour ressentir sérieusement les effets d'une révolution. Là, plus qu'ailleurs encore, non seulement la vie, mais les biens et les intérêts mêmes des Européens sont strictement respectés à la condition non moins stricte que les Européens ne se mêlent en rien de la politique ; or cette condition est la plus facile à remplir au Vénézuéla où les étrangers ne sont jamais sollicités de prendre parti.

Personnellement, toute une révolution, qui n'est pas encore terminée, s'est agitée autour de notre caravane sans que nous nous en soyons aperçus.

CHAPITRE X

PRIX DE REVIENT DANS LES CONDITIONS ACTUELLES

Partie proprement dite à l'extraction

Mine-Abattage	7,00	
Roulage intérieur.	1,50	
Boisage	0,50	
Explosifs	1,50	
Triage	1,50	
Combustible	0,86	
Fournitures	1,75	
Recherches.	5,00	19,61
Moulin, Combustible	2,00	
Usure et fournitures	1,54	3,54
Ateliers, Combustible et Fournitures.		0,70
Divers		1,15
Total (non compris surveillance, frais fixes, frais généraux, amortissements, etc.)		25,00

A remarquer l'importance du chapitre des recherches qui, pour une production de 50.000 tonnes annuelle représentent 250.000 francs, c'est-à-dire environ 2 kilomètres de galeries de recherche; c'est plus qu'il n'en faut pour toujours maintenir la mine dans le même état de préparation.

Partie fixe, surveillance et frais généraux, pour une production de 50.000 tonnes. — Je donne ici le résumé, le détail sera fourni plus loin dans l'application faite au Callao.

Supérintendant	30.000
Ingénieur de l'extérieur.	24.000
Surveillance et services généraux de la mine . .	62.400
Amalgamateur	15.000
Surveillance et services généraux du moulin . .	65.000
Ateliers	65.600
Bureaux et Magasins	36.500
Roulage et transports extérieurs.	11.900
Service de la Direction.	7.700
A reporter . .	318.100

Report . .   318.100

Nourriture. 24.000
Frais de bureaux et de correspondance. . . .   7.000
Divers, y compris voyages des employés . . .   24.000
Service médical, obsèques, secours 20.000
Correspondant à Bolivar 12.000
Siège social en Europe 70.000
Imprévus 24.900

Soit, pour une production annuelle de 50.000 t.   500.000

Partie fixe pour une production annuelle de 70.000 tonnes. — Il suffit d'ajouter au chiffre précédent les deux tiers du total des chapitres :
Surveillance et services généraux de la mine. Surveillance et services généraux du moulin. Roulage et transports extérieurs soit   90.000
Ce qui porte le total pour 70.000 tonnes à . . .   590.000

Amortissement. — Il varie, avec un taux de 10 o/o, entre 4 francs par tonne (pour une production de 50.000 tonnes) et 3 francs par tonne (pour (70.000 tonnes).

Les justifications seront données plus loin.

Prix de revient total	Pour un broyage de 50.000 t.	Pour un broyage de 70.000 t.
Partie propr. à l'extraction. . .	25,00	25,00
Partie fixe (surveillance, frais généraux, etc.).	10,00	8,50
Amortissement.	4,00	3,00
Total francs	39,00	36,50

J'ai déjà donné (p. 35) une répartition des dépenses sur un autre plan, celui des comptes-rendus de l'ancienne Compagnie. Plus loin, les chapitres seront groupés d'une manière plus conforme aux habitudes ; ce qu'il importe de retenir ici, c'est le total, et l'influence d'une activité plus grande sur les deux derniers chiffres de ce total.

Prix de vente de l'or. — Il me paraît raisonnable de faire supporter à l'or les quelques frais dont il est grevé à partir du moment où il devient marchand, d'autant plus que les évaluations qui précèdent et celles qui vont suivre sur la teneur sont faites, non pas en or fin, mais en un métal tel que le livrent les moulins du Yuruary (titre d'environ 0.885).

Prix moyen de vente de l'or (moyenne
    basée sur 15 années). L'once . .   93 fr.
A déduire : pour impôt 1 o/o   0,93
         Transport au bateau . . .   0,50
         Frêt et assurance. . . .   0,25   1,68

Prix réel réalisé par once.   91,32
Prix payé pour le gramme   2,99
Prix payé pour le pennyweight (1 dwts=1/20 d'once)   4,56

Teneur d'équilibre. — C'est le rendement à la Tonne (au moulin) qui paie les charges de toute nature, de sorte que le surplus est du bénéfice.

$$\text{Avec un broyage annuel de 50.000 Tonnes } \frac{39}{4,56} \text{ 8 1/2 pennyweights}$$

$$\text{Avec un broyage annuel de 70.000 Tonnes } \frac{36,50}{4,56} \text{ 8 pennyweights}$$

A la condition (dont je montrerai plus loin qu'elle est réalisée) que les mines et les moulins d'une propriété puissent broyer annuellement 70.000 Tonnes avec une dépense en capital correspondante à l'amortissement de 3 fr. on peut dire que par un emploi judicieux de tous les éléments du prix de revient, celui-ci absorbera les huit premiers pennyweights du rendement, le surplus constituant le bénéfice, qu'il faudra multiplier par le Tonnage.

———

CHAPITRE XI

TENEUR MOYENNE DES QUARTZ DU BASSIN DU YURUARY

Source de renseignements. — Au point où j'en suis arrivé, il importe de connaître la teneur moyenne des quartz avec une précision au moins égale à celle du prix de revient, de manière à pouvoir, sans recherches nouvelles, dégager de la comparaison des deux chiffres l'exploitabilité du Yuruary.

Sauf pour deux essais faits sur la « Remington », j'ai écarté tous les essais de laboratoire ; la comparaison des comptes-rendus du Callao montre qu'ils ne sont pas probants et qu'à un rendement déterminé sur une prise d'essai correspond une teneur industrielle, quelquefois plus petite, le plus souvent plus grande ; il semble y avoir là une anomalie, mais comme elle est facile à vérifier, qu'elle se répète constamment, il faut croire à une difficulté toute spéciale de prendre une prise d'essai représentant la moyenne de ce que donnera l'abattage.

Systématiquement, j'ai écarté les essais de laboratoire pour y substituer les relevés des livres du moulin : j'ai pu les consulter presque tous ; ce sont des documents que l'on ne peut suspecter et qui reflètent admirablement, quand on est aidé dans leur lecture comme je l'ai été, les particularités saillantes des veines du bassin, richesse des affleurements, régularité de la teneur moyenne pour une veine donnée, présence de « Bombas », etc... .

J'ai mis à contribution les broyages actuellemeut opérés sur des quartz quelquefois choisis, ceux-ci portant sur des lots de 100 à 1000 Tonnes et plus. Les chiffres anciens se rapportent au moins à 100.000 Tonnes.

Le Vieux Callao. — Le rendement réalisé par le Vieux Callao a été sur 700.000 Tonnes, de 2 onces par Tonne ; en réalité, et à cause des vols de la période de début, ce chiffre doit être porté à 3 onces.

Si l'on fait abstraction du « rich pay shoot », d'une teneur moyenne de 4 onces, on trouve que le surplus des quartz de la cuvette du Vieux Callao a rendu vraisemblablement encore 0,80 oz ou 16 dwts.

Ce chiffre, très important en ce qui concerne le relèvement de la cuvette, ne prête guère au doute ; il résulte de la comparaison faite entre les résultats du moulin et les sections sur lesquelles a porté l'extraction, comparaison rendue facile par la disposition des plans de la mine et du compte rendu.

Diverses teneurs anciennes

La Colombia	18 dwts	fr. 82,08	net
La Panama	13 --	59,28	
La Chile	13 —	59,28	
La Remington (Callao).	15 —	68,40	
La Santa Maria (Callao)	16 —	72,96	
La San Felipe (Callao)	15 —	68,40	

Diverses teneurs récentes

La Remington (Laboratoire) . . .	16 dwts	fr. 72,96
La Panama (Moulin)	13 —	59,28
La Lagunita (Moulin)	15 —	68,40
La Peru (Moulin et cyanuration). .	16 —	72,96
La Eureka (essais au Moulin). . .	14 —	63,84
La Victoria (essais au Moulin) . .	16 —	72,96
La Colombia (Moulin).	1 once	91,32
La San Felipe	1 —	91,32

Profondeur de plusieurs de ces mines.—J'ai déjà touché (p. 10 et 18) la question de la continuité en profondeur des teneurs moyennes, après la disparition rapide de la zône riche d'affleurement (plus de 1 oz 1/2). Voici quelques exemples — La Chile a été approfondie sans variation sensible sur 600 pieds (en inclinaison, 50°) — La Remington est à 290 pieds de profondeur verticale avec tendance à un léger enrichissement — La Peru est l'aval-pendage de la Lagunita et la différence verticale de niveau est de 300 pieds (700 suivant l'inclinaison) ; la Lagunita donne des quartz à or visible (1 oz 1/2) dans les vingt premiers mètres en verticale, puis la teneur moyenne se fixe à 15 dwts ; la Peru donne, 500 pieds plus bas, 16 dwts (y compris l'or de cyanuration).

Quant au « rich pay shoot » du Vieux Callao, sa richesse a augmenté depuis la surface jusqu'au moment où on l'a perdu, (que cette disparition soit réelle ou non), soit sur 600 pieds de profondeur.

Conclusions définitives sur la teneur moyenne des Quartz du Yuruary. — En laissant de côté, comme des rencontres heureuses, mais non chiffrables, les « Canteras », les « Bombas », les « Rich pay shoot" on peut dire des quartz du Yuruary qu'ils ont une teneur minima de 14 dwts en or directement amalgamable, cette teneur s'étendant au quartz tout-venant, c'est-à-dire à la totalité de la veine ; la minéralisation paraît réellement homogène et je crois qu'il y a peu d'espoir de délimiter dans la masse des lopins à teneur moyenne supérieure ; c'est cependant une question à étudier.

Mais, en dehors de ce « free gold mill », la cyanuration des slimes permettra de retirer quelques pennyweights dont plus de la moitié constitue un supplément de bénéfices (les frais généraux étant intégralement supportés par le broyage), et cela fera plus que parer à la lente diminution, non prouvée d'ailleurs, que l'on peut craindre en profondeur (exemple de la Lagunita-Peru).

Il est sage d'outiller une entreprise pour recueillir cet or, et de n'en pas faire état dans les calculs de rendement et de bénéfice, de manière à ne jamais descendre au-dessous de la teneur de 14 dwts.

En résumé, la teneur moyenne minima, (c'est-à-dire abstraction faite des « Bombas ») de 14 dwts (o oz 70, 21 grammes) peut et doit servir de base aux calculs d'exploitabilité.

QUATRIÈME PARTIE

L'Exploitabilité de la propriété du Callao
Programme à appliquer

CHAPITRE XII

APPLICATION A LA PROPRIÉTÉ ET, PLUS PARTICULIÈREMENT, A LA REMINGTON

Exploitabilité. — Le rendement industriel moyen de la Remington (p. 23) a été de 15 dwts ; en le ramenant, à la teneur moyenne du bassin, 14 dwts) on voit que l'exploitabilité du gîte en découle immédiatement, puisque les frais de toute nature varient de 8 à 8 1/2 dwts.

Détail des frais généraux. — Je donne ici le détail des divers chapitres énumérés (p. 36 et 37), parce que ce prix a tout spécialement été calculé pour la propriété du Callao et pour une extraction annuelle de 60.000 tonnes à broyer au grand moulin.

1 Supérintendant		30.000
1 Un Ingénieur de l'extérieur (machines, atelier, moulin)		24.000
Surveillance et services généraux de la mine à savoir :		
1 Capitaine de mine à 12 000 fr. .	12.000	
2 Caporaux de mine à 7.500 fr. .	15.000	
2 Mécaniciens (400 francs par mois) et 2 chauffeurs	18.000	
2 Pompiers (350 fr.).	8.400	
2 Rouleurs de jours et 2 de nuit à 6 francs	9.000	62.400
1 Amalgamateur.		15.000
Surveillance et services généraux du moulin à savoir :		
A reporter . .		131.400

	Report. .	131.400
1 Planchieur de jour et 1 de nuit à 15 fr. par jour	12.000	
1 Mécanicien de jour et 1 de nuit (15 fr.).	12.000	
1 Chauffeur de jour et 1 de nuit. .	8.000	
2 Pilonniers de jour et 2 de nuit (10 fr.).	15.000	
2 Hommes aux wagons en bas 2 Hommes aux wagons en haut 2 Hommes aux concasseurs (7 fr.).	18.000	65.000
Roulage et transports 1 Mécanicien (15 fr.)	5.400	
3 Péons (6 fr.)	6.500	11.900

Ateliers :

1 Ajusteur, 1 Forgeron, 1 Charpentier 1 Fondeur à 25 fr. par jour ou 600 fr. par mois.	28.000	
2 Aides-ajusteurs, 2 aides forgerons, 2 aides-charpentiers, 1 aide-fondeur à 15 fr. par jour ou 450 fr. par mois.	37.600	65.600

Bureaux et magasins à savoir :

1 Magasinier	10.000	
1 Péon (4 fr.)	1.500	
1 Caissier-comptable	12 000	
1 Géomètre, Secrétaire du Supérintendant	5.000	
1 Géomètre	8.000	36.500

Service de la maison de Direction :

(Sont logés : Supérintendant, Ingénieur, Caissier, Almagamateur, Chef Magasinier, Capitaine de mine, Médecin.

1 Cuisinier (160 fr.), 1 aide-Cuisinier (120 fr.), 2 Domestiques (120 fr.), 1 Palefrenier (120 fr.)		7.700
Nourriture de sept personnes		24.000
Correspondance, Fournitures de bureaux	2.000	
A reporter. .	2.000	342.100

Reports. .	2.000	342.100
Cablogramme	5.000	7.000
Divers, Nettoyage (2 Péons à 6 fr.).	4.400	
1 Cantonnier (10 fr.)	3.600	
1 Chimiste (Géomètre) (mémoire)		
1 Péon au Laboratoire (6 fr). . .	2.200	
Produits du Laboratoire	3.800	
Impôts (4.000 fr.) et voyages d'employés (6.000 fr.). . .	10.000	24.000
Service médical, obsèques, secours		20.000
Correspondant à Bolivar (Consignation et dédouanement.		12.000
Siège social en Europe (bureaux, impôts, Ingénieur-Conseil)		70.000
Imprévus et divers non classés		24.900
Total général		500.000

Pour une production de 70.000 tonnes, c'est-à-dire plus forte de 2/5, il semble qu'il suffirait d'accroître ce chiffre du 2/5 des dépenses ayant une relation certaine avec le tonnage, c'est-à-dire des services généraux de la mine, du moulin et du roulage J'ai cru prudent de prendre les 2/3 (soit 90.000 fr.) au lieu des 2/5 parce que les 20.000 tonnes nouvelles peuvent être demandées au Moulin de la Union, ce qui, créant un petit centre spécial à Caratal, accroîtra certains des frais généraux proprement dits (maison, nourriture, bureaux).

Pour une production annuelle de 70.000 tonnes, on peut donc, comme je l'ai déjà dit, fixer cette partie des dépenses à fr. 590.000.

Prix de revient de la tonne. — Le total varie de 36,50 à 39 (p. 37) suivant l'importance du tonnage, quant au détail, on peut le fixer ainsi :

Main d'œuvre :

Abattage.	7,00	
Roulage et sortage.	1,50	
Boisage	0,25	
Surveillance.	0,54	
Machines.	0,36	
Epuisement	0,17	
Triage	1,50	
Ateliers	0,65	11,97
A reporter. .		11.97

Report. .   11.97

Fournitures :

Explosifs et divers.	4,40	
Sortage	0,17	
Boisage	0,25	
Machines.	0,86	
Atelier	0,35	6,03
Roulage extérieur.		0,40
Recherches		5,00
		23.40

Moulin — Main-d'œuvre :

Surveillance.	0,30	
Salaires	0,90	
Mécaniciens	0,40	
Ateliers	0,66	2,26

Fournitures :

Machines	2,00	
Ateliers	0,35	
Usure.	1,54	3,89
Frais généraux sur place.		3,81
Frais généraux à Bolivar (12.000 fr.) et en Europe (70.000 fr.) (Siège social).		1,64
Amortissement pour (50.000 tonnes)		4,00
Prix de revient total (production de 50.000 tonnes).		39.00

Bénéfices. — Une exploitation, uniquement basée sur l'exploitation de quartz à 14 dwts laissera donc le bénéfice suivant :

Pour 50.000 tonnes : $50.000 \times (14 \times 4.566 - 39) = 1.250.000$ francs.

Pour 70.000   »   : $70.000 \times (14 \times 4,566 - 36,50) = 1.925.000$ francs.

Importance de l'extraction. — Les bénéfices croissent doublement avec l'extraction, puisque le prix de revient unitaire diminue ; y a-t-il quelque raison, autre que celle de la capacité même de production des gîtes, pour abaisser cette extraction ?

Il n'y en a pas ; le Moulin du Callao, avec ses 60 pilons, peut broyer au minimum 2 T. 1/2 par flêche et par jour, ce qui correspond à un broyage annuel de 50.000 T. ; cette production a été souvent dépassée ; elle a même atteint 73.000 Tonnes en 1896 (en partie, il est vrai, avec l'aide de l'ancien Moulin).

Mais les broyages des 6 années suivantes ont été en moyenne de 57.000 tonnes ; il n'y a donc rien d'excessif à demander 50.000 tonnes à ce moulin qui, je m'en suis assuré, est en parfait état.

D'ailleurs, une exploitation relativement intensive a toujours été la règle dans le bassin du Yuruary ; le moulin de l'Union a broyé plus que les 20.000 tonnes qu'on pourrait être amené à lui fournir et, d'une manière générale, on peut tabler. dès que la mine le permettra, sur les broyages de 50.000 ou 70.000 tonnes sans rien changer aux habitudes des mineurs ni aux aménagements.

CHAPITRE XIII

LES SOURCES DU QUARTZ

Tonnage à reconnaitre. — Il est prudent, comme en toute affaire d'or, de fixer le taux d'amortissement à 10 o/o ; il est donc nécessaire, pour que les calculs précédents aient toute leur force, que l'on ait en vue un minimum de 70.000 tonnes de quartz ; c'est à peu près ce qu'à fourni moins de la moitié de la cuvette du Vieux Callao, et il est certain que cette quantité existe si on veut l'emprunter en partie à certaines propriétés voisines ; c'est une solution qui est au moins prématurée, mais elle est si naturelle qu'il convient de l'examiner de près, ce qui m'oblige a entrer dans quelques considérations d'ordre financier.

Les quartz du Callao. — Si la propriété renferme du quartz en quantité suffisantes, il y a, je l'ai déjà dit, tout intérêt à ne pas traiter avec les voisins ; serrons donc la question de près.

Insuffisance de la Remington. — Malgré sa régularité et les avantages qu'elle offre d'une reprise immédiate, je ne crois pas qu'il serait prudent de compter sur cette veine pour 700.000 tonnes, ni lui demander 500.000 tonnes par an ; en réduisant, par prudence, l'épaisseur moyenne à o m. 75, il faudrait, sur un développement de 700 mètres s'enfoncer de 40 mètres par an, soit de deux étages ; c'est possible, mais un peu rapide ; de plus les dix ans nécessaires pour l'amortissement correspondraient à un approfondissement de 400 mètres, double de celui de la mine la plus profonde du district.

Il est préférable de ne pas escompter jusqu'à cette profondeur la continuité du gîte, et de ne lui demander que 25 ou 30.000 tonnes annuelles, qu'il fournira sans difficultés.

Autres quartz. — La Nadal (v. p. 26). La Culebra (v. p. 25). La Iguana (v. p. 25) qui parfaitement située, paraît offrir des espérances telles de tenue et de teneur, qu'on peut compter sur cette veine pour parfaire la production de la Remington.

Ce qui reste du Vieux Callao. — Le relèvement Ouest de la cuvette a été retrouvé par le puits n· 7 qu'il suffit de dénoyer et d'approfondir ; les travaux conduits vers cette région par le fond et par les niveaux du N.-E. ont démontré la continuité de la veine et permettent de compter sur une teneur minima de 14 dwts, teneur susceptible de s'accroître vers le N.-O. et davantage encore de l'autre côté du Yuruary que franchit le relèvement Nord ; le Sud, engagé dans la quartzite est moins engageant ; quant au « rich pay shoot » il est possible qu'il se soit brusquement terminé, mais cette terminaison s'étant effectuée au dernier étage où on n'a pu suivre correctement la veine, il est possible que les changements d'inclinaison, qui se produisent au fond de la cuvette aient égaré les recherches, et, tout en restant, par crainte des eaux, à distance des anciens travaux, il y a grand intérêt à poursuivre les travaux de relèvement Ouest.

La réserve de quartz en vue dans cette région est d'au moins 800.000 tonnes.

Conclusions quant à la quantité de quartz. – De ce qui précède il résulte que la propriété du Callao présente toutes garanties au point de vue de la quantité de quartz à teneur moyenne nécessaire pour assurer la marche du broyage pendant dix années.

A remarquer, d'ailleurs, que je n'ai pas fait état des quartz, très intéressants, contenus dans la propriété de la Union (Santa Maria, San Hyacinthe, San Felipe).

CHAPITRE XIV
CAPITAL ARGENT A ENGAGER

NOTA. — Le groupement actuel de propriétés étant notablement différent de celui qu'avait à envisager M. Bernard, nous avons cru devoir supprimer ce chapitre, qui n'a plus d'actualité.

CHAPITRE XV
AVANTAGES SPÉCIAUX A CETTE AFFAIRE

Les développements dans lesquels je suis entré au chapitre V me permettent d'être bref en ce qui concerne les qualités communes au Callao et au reste du bassin à savoir l'abondance et la valeur relative de la main-d'œuvre, l'agrément du climat, la continuité de remplissage et de teneur des veines, etc.

Mais la propriété acquise par le Syndicat présente des **avantages** spéciaux qui suffisent à la mettre hors de pair parmi les propriétés voisines et qui, d'une façon absolue, lui permettent de servir de base à une affaire parfaitement assise, parfaitement viable pour le présent et qui, dans un avenir prochain, peut dépasser de beaucoup les prévisions les plus optimistes, tant par la découverte, quasi-certaine, de richesses concentrées que par l'agglomération, de la plupart des propriétés du Yuruary et la mise en valeur de bassins aurifères voisins.

La Grandeur. — La propriété du Callao, propriété complète, couvre à elle seule plus du quart du bassin et, est de beaucoup la plus étendue du Yuruary.

La Position. — Les villes du Callao et de Caratal sont englobées dans la propriété, ce qui la rend la plus agréable et la plus commode à habiter.

L'Eau. — Grâce à la proximité du Yuruary, le moulin du Callao est capable de fonctionner en toutes saisons, même après les plus longues sécheresses, et il est le seul dans le bassin (avec celui de la « Nacupay ») qui possède cet avantage.

Le bois. — En outre de la propriété forestière du Monte Sacro, le Callao possède une très belle réserve de forêts à peine entamée.

Les Transports. — Avec ses 15 kilomètres de voie à traction mécanique, le Callao est la seule propriété outillée pour faire de l'extraction excentrique et profiter d'une découverte qui, probablement, aura lieu assez loin de la ville du Callao.

Le Matériel. — J'ai déjà dit le rôle capital que joue l'existence à pied d'œuvre d'un matériel surabondant, en excellent état, que l'on peut acquérir dans des conditions inespérées de bon marché et de prudence.

La Mine. — La mine de la Remington est également dans un état qui ne se trouve nulle autre part, puisque les étages y sont tracés, presque aménagés, et pas dépilés.

Les « Bombas ». — Plus que toute autre, la propriété du Callao offre une probabilité très grande, équivalant à une quasi-certitude, de rencontrer, prolongeant ou non le « rich pay shoot » ancien, des « bombas » à forte teneur qui, pendant certaines périodes, accroîtront dans des proportions impossibles à prévoir, le revenu calculé plus haut. Certains exercices du Callao ancien, qui se sont soldés par un dividende de 11 millions, auraient dû, avec les errements qu'il est possible de suivre maintenant, distribuer 15 millions.

Le Groupement du Yuruary. — Il est plus aisé au Callao qu'à n'importe qui, à cause de l'existence et de l'emplacement de ses voies ferrées et de son matériel, à cause aussi des liens d'affaires, d'amitié et de parenté qui unissent les Syndicataires actuels aux propriétaires de telles ou telles Compagnies voisines.

L'extension hors du bassin. — Une Compagnie bien outillée, en argent comme en personnel, et ayant fait ses preuves, sera qualifiée pour l'étude et l'exploitation des bassins aurifères qui, dans un rayon de 200 kilomètres, parsèment la savane, et dont plusieurs, sans doute, restent encore à découvrir ; parmi ceux qui sont connus, surtout par l'or de greda, je citerai ceux du Coco, du Cuyuni, de Cicapra, de Paviche ; j'ai visité ces deux derniers et étudié, en dehors de ma mission, celui de Paviche ; je suis convaincu que les veines, à riches affleurements, que l'on commence à y trouver ont la même allure que celles du Yuruary, et, en particulier, que les premiers exploitants de ces veines profiteront de l'indéniable richesse des quartz de surface.

La « Gutta Percha ». — J'ai déjà cité la coexistence fréquente de l'or, des roches vertes de la forêt ; dans celles-ci on commence à exploiter avec activité des arbres à lait parmi lesquels domine le balata rouge (mimusops balata), dont le produit vaut déjà, sur place, 5 francs le kilo, prix susceptible de s'accroître beaucoup par un choix convenable des arbres permettant d'obtenir un produit analogue, sinon même identique à la gutta qui vaut trois fois plus cher.

Paris, Février 1900.

M AURICE BERNARD

COMPAGNIE **A**

DES

CAOUTCHOUCS DU BAS-ORÉNOQUE

ANONYME, AU CAPITAL DE 1.250.000 FRANCS

PARIS — 106, rue Richelieu — PARIS

CONSEIL D'ADMINISTRATION

MM.

Le Général Baron de la Rocque de Sévérac, Commandeur de la Légion d'Honneur, Ancien Directeur de l'Artillerie au Ministère de la Marine, *Président* ;

Le Docteur Lucien Morisse, *Administrateur Délégué, chargé de la Direction Générale* ;

J.-A. Delcroix, *Administrateur délégué aux Etudes* ;

Ch. Mourlon, Officier de la Légion d'Honneur, Ingénieur :

Faure, Chimiste ;

J. Hausmann, Industriel (Ancienne Maison Hausmann et Gaudard, Manufacture de Caoutchouc) ;

Le Marquis de Maillard La Faye, Propriétaire, Conseiller Général de la Dordogne.

Paris. — Imp. des Arts et Manufactures, 8, rue du Sentier. — 2247-2.

Société Générale de l'Orénoque

106, RUE DE RICHELIEU, PARIS (2ᵉ)

TÉLÉPHONE :
298-07

se Télégraphique :
ÉNOQUE-PARIS

LIEBER'S
A.B.C
A I

Paris, le 27 Octobre 190

Monsieur

Nous avons le plaisir de vous informer que notre Société, après
avoir créé la Compagnie A des Caoutchoucs du Bas-Orénoque au capital
de 1.250.000 francs, vient de réaliser heureusement la seconde affaire
que comportait son programme : la reconstitution du Callao se termine
en ce moment au capital de 20 millions de francs, dont 4 millions des-
tinés au fonds de travail, sont souscrits en espèces.

Nous fondons les plus hautes et les plus légitimes espérances sur
la reprise du Callao.

Vous savez ce que fut cette Mine extraordinaire, unique par sa richesse dans l'Histoire de l'Or : en moins de 18 ans on distribua plus
de 48 millions de dividendes à un capital versé de 240.000 francs, malgré des gaspillages inouïs et un prix de revient resté légendaire.

La production cessa un jour brusquement : le public crut que la Mine
était épuisée. De nouveaux travaux ont démontré depuis que la riche
colonne qui donnait de 4 à 6 onces d'or à la tonne de quartz avait été
simplement..... ÉGARÉE : ce fait donne à lui seul la mesure de la façon
dont on travaillait cette Mine.

Mais à ce moment la Compagnie n'avait aucune réserve ; elle ne sut
pas vivre avec des quartz contenant UNE once à la tonne dont elle possédait des millions de tonnes reconnues, cette teneur étant trop faible
pour les prix ridiculement exagérés de son exploitation. Les plus
riches mines du Transvaal ne dépassent cependant pas cette teneur, et
les conditions d'exploitation y sont aussi onéreuses : des mines de
1 2 once, même moins, y donnent de fort beaux dividendes.

A l'époque de la prospérité du Callao, il est vrai, le traitement
des minerais aurifères n'avait pas atteint le degré de perfection auquel il est arrivé depuis : le plus célèbre Ingénieur en chef du Callao
a reconnu que les tailings qu'il jetait à la rivière contenaient encore

16 dwts 25 grammes d'or, à la tonne, soit la teneur TOTALE de la Wemmer
du Village, de la Crown-Reef, qui sont parmi les meilleures grandes
Mines du Transvaal.

Actuellement, on travaille au Callao à raison de 8 dwts " TOUT
COMPRIS ".

ENFIN LA RICHE COLONNE DU CALLAO A ÉTÉ RETROUVÉE AU PUITS 7 PAR UN
SONDAGE QUI INDIQUE 4 ONCES A LA TONNE SUR UNE ÉPAISSEUR DE 1 M. 45, A
NIVEAU DE 100 MÈTRES.

Un matériel complet et de tout premier ordre, surabondant même ;
deux usines en parfait état, soit 30 pilons, fonctionnant encore par
intermittences ; une voie ferrée de 15 kilomètres en exploitation,
complètent nos acquisitions locales et permettent une reprise immédiate

Nous résumons :

1. Six millions environ de tonnes de quartz reconnues, avec une te
neur de 1 once et un prix de revient TOTAL de 2 5 d'once.

2. L'ANCIEN FILON RICHE RETROUVÉ ; la certitude acquise aujourd'h
qu'il n'a pas été exploité plus d'UN TIERS du " rich pay shoot " par
l'ancienne Compagnie.

3. L'outillage au complet permettant de broyer au moins 100.000
tonnes par an ;

Une main-d'oeuvre minière très abondante, à des prix devenus rai
sonnables.

Il ne manquait donc plus que le fonds de roulement pour obtenir à
nouveau la mise en état et redonner au Callao une prospérité qui, nou
en avons la confiance justifiée, éclipsera l'éclat ancien, quelque
brillant qu'il ait été, grâce à une meilleure administration.

Notre Société, qui avait groupé et acquis les principales propriét
minières du Caratal, a pu, après de nouvelles études, traiter avec un
groupe financier puissant qui constitue la Compagnie du Callao en ce
moment même.

Nous avons eu à coeur, Monsieur, de vous mettre au courant d'un évé
nement aussi important dans la vie de notre Société, et nous serons tou
jours heureux de vous fournir tous les renseignements que vous pourri
désirer.

Veuillez agréer, Monsieur, l'expression de nos distingués senti
ments.

SOCIÉTÉ GÉNÉRALE DE L'ORÉNOQUE
LE GÉRANT,

www.ingramcontent.com/pod-product-compliance
Ingram Content Group UK Ltd.
Pitfield, Milton Keynes, MK11 3LW, UK
UKHW020025080726
13614UKWH00004B/1557